李虹 著

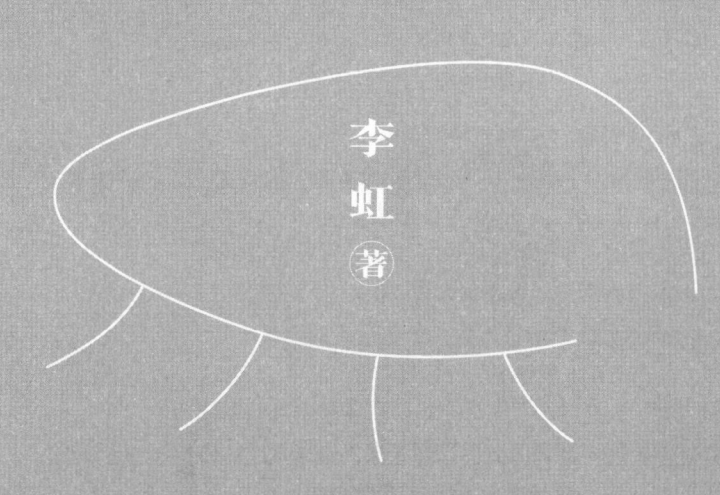

幸福是自己创造的

中国纺织出版社有限公司

内 容 提 要

《幸福是自己创造的》是一本写给普通人的生活哲理书，作者以浅白而深刻的文字解读了什么是幸福，以及生活中人们难以获得幸福感的原因。通过家庭情感保卫战、智慧父母高阶进修、沟通能力提升幸福指数、创造生命的美好丰盛、重建与金钱的亲密关系5块拼图，带你思考你与自我、爱人、孩子、金钱及其他人之间的关系，给出了一些很实用的小秘诀，帮助在这些关系中挣扎的人们读懂生活、读懂自己、读懂他人，找到从压力与焦虑中解脱出来并走向幸福的方法，帮助更多的人活出美好丰盛，获得持久的幸福。

图书在版编目（CIP）数据

幸福是自己创造的 / 李虹著. -- 北京：中国纺织出版社有限公司，2021.7

ISBN 978-7-5180-8536-1

Ⅰ.①幸… Ⅱ.①李… Ⅲ.①幸福－通俗读物 Ⅳ.①B82-49

中国版本图书馆CIP数据核字（2021）第083388号

策划编辑：向连英　　责任校对：高 涵　　责任印制：何 建

中国纺织出版社有限公司出版发行
地址：北京市朝阳区百子湾东里A407号楼　邮政编码：100124
销售电话：010—67004322　传真：010—87155801
http://www.c-textilep.com
中国纺织出版社天猫旗舰店
官方微博 http://weibo.com/2119887771
三河市宏盛印务有限公司印刷　各地新华书店经销
2021年7月第1版第1次印刷
开本：710×1000　1/16　印张：12.5
字数：158千字　定价：49.00元

凡购本书，如有缺页、倒页、脱页，由本社图书营销中心调换

序言

有句话说，想获得别人的爱，自己先成为那个拥有爱的人。幸福不是求来的，是自己创造出来的。我之所以认为"幸福是自己创造的"，是因为在我看来，人人都能得到幸福，或者人人都可以通过某个方法来让自己获得幸福的能力，这是我的愿景，也是我在课上不断强调的信念。

"我要的幸福是什么？""对于我来说，什么是幸福？"我认为"让自己更幸福"应该是我们每个人终生追求的目标。

幸福往往和爱、温暖、情感有着重要的联系，当一个人感觉到被爱，内心就会充满力量，情感也会变得更加美好，这种感受就是幸福。而爱与温暖不是无缘无故产生的，我们需要跟别人建立情感连接。在家庭中需要与伴侣、孩子、父母建立这种连接；在工作中需要与上司、同事建立连接；在生活中需要与自己建立连接，然后在各种良好的关系互动中找到属于自己的那种平和喜悦。

现实中，很多人生活充实，但内心却情感缺失，感受不到自己被爱。从事心灵疗愈与家庭幸福导师培训这么多年，通过对不同案例的分析发现，造成不幸福、缺乏爱的感受能力的人往往都是无法接纳自己和别人而处处抗拒的人。因为对自己的不接纳，对孩子、对爱人的不接纳，对周围一切事物的不接纳，从而让幸福和美好无法走进生命。而我们要做的就是去激发内在的力量，让光亮照进内心。

冥想、静坐等都是锻炼内在强大"心力"的过程。因为，一个人有怎样的心灵，就拥有怎样的世界。要想让自己心情愉快、精神放松，必须改变自己头脑中那些错误的观念、偏执的思维惯性，学会改变、提升和不断修炼。

如果把幸福比喻成一张完整的拼图，那么我们生活的每一个重要组成部分都可以算作是拼图中的一块，在这本书里我将从5个方面去诠释，从而帮助读者实现提升幸福的综合能力。

夫妻关系是所有关系中的首要关系，也是最重要的关系。所以家庭情感关系能不能处理好，对幸福的影响很大。

亲子关系是第二重要的关系，如果处理不好会直接影响夫妻关系和其他关系，更重要的是如果父母与孩子处理不好关系，又如何能够感受到幸福呢？

与自己的关系是其他关系的核心，接纳自己、爱自己，带着正念的力量去生活，才能创造丰盛富足的人生。

当一个人能处理好以上三种关系的时候，往往也能实现沟通能力的提升和财富能量的提升。

这几年来，我接触了很多传统文化、心理学、瑜伽、静坐、按摩、茶道、养生、冥想，等等，我认为真正要做到身心和谐一致，就是我们要向内求，让内在变得完美。

我们每个人都程度不一的要面对生活的纷繁复杂，要处理好各种关系，我们必须有真正的学习与觉知，即头脑与身体合一的学习与觉知，意识与潜意识合一的学习与觉知，也是我们老祖宗所说的体验、体会、体证、体悟与体察等。

要使生命变得丰盛，要破解生命游戏的规则，你必须重新与身体建立连接，做到这一点，你将发现：生命真的可以是自由的，幸福真的是可以自己创造的。

目录

开篇
幸福是什么

对幸福的认知与理解	2
幸福与什么有关	3
如何发现幸福的陷阱	5
找到通向幸福的方法	7
"我"才是一切的根源	9
幸福的活法	11

第1块幸福拼图
家庭情感保卫战

婚姻中出现出轨怎么办	16
情感保鲜法	20
情话好好说	22
婚姻和孩子的关系	25
事业VS情感平衡法则	28
幸福的家庭是"经营"出来的	30
巧断家务事	31
家风好,才有真正的幸福	34

第2块幸福拼图
智慧父母高阶进修

原生家庭影响亲子教育	38
养孩子是找回自己的过程	40
允许孩子做自己	42
生命最重要的确认来自父母	45
孩子会成为父母评价的样子	47
往上连接父母，往下连接孩子	49
父亲需要信任、欣赏和推崇	50
母亲需要理解、关爱和尊敬	51
父母不幸福，孩子很难幸福	53
父母幸福是给孩子最好的礼物	54
父母要揭掉"受害者"标签	56
接纳自己才能接纳孩子	57
孩子"太听话"会冻结他的核心能量	58
做会说话的父母	59
父母不相爱，孩子不会与人亲近	61
如何引导各个阶段的孩子	63
父母如何化解情绪失控	65
父母如何有效引导孩子	68
教孩子学会合作，而非竞争	70
新生代孩子的能量	72
点燃孩子的梦想和热情	75
做一个口吐莲花的父母	78

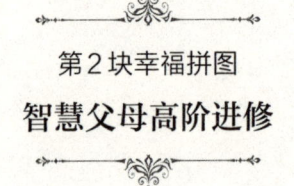

第3块幸福拼图
沟通能力提升幸福指数

封闭久了，会忘记全然打开时的好感觉　82
如何精准表达，把话说到点子上　84
如何一开口说话，就赢得好印象　88
为什么你总是用折磨自己来讨好别人　90
如何清晰表达，让别人懂你　93
有力地说出需求，冲破沟通阻碍　96
拒绝的话这样说，对方听了会感谢你　99
高效申请（建议）的四个步骤　102
真正表达爱的三部曲　105
避免沟通障碍，提高社交竞争力　109
如何协商，让合作更高效　113
掌握这四点，让你的影响力倍增　116

第4块幸福拼图
创造生命的美好丰盛

每个人都能拥有丰盛　122
你真正是谁　125
从根源上清理恐惧　127
情绪管理术　130
活出生命的欢愉　134
唤醒内在的力量　136
接纳的魔力　139
如何从知道到做到　142
创造者的游戏　144

	释放你封存的能量	148
	你值得拥有一切美好	150
	享受生活	153
	吸引财富的秘密	157
	你是丰盛富足的	159

第5块幸福拼图
重建与金钱的亲密关系

觉察自己关于金钱的认知	164
摒弃关于金钱的羞愧感	166
打破"辛苦才能赚到钱"的认知	168
瓦解对金钱的限制性信念	170
金钱的种子法则	171
金钱的流动	173

附录	幸福能量文	175

开篇

幸福是什么

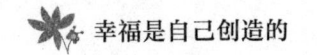

对幸福的认知与理解

我在"家庭幸福咨询师沟通与表达"的课上，几乎每次都会和学员谈到关于"幸福"的话题。对于什么是幸福这个问题，答案五花八门，有人说，家人健康、自己平安就是幸福；有人说，有钱、有闲就是幸福；有人说，干自己喜欢干的事情，并能养家糊口就很幸福；还有人说，拥有感知幸福的能力才是真正的幸福；还有更高层次的说法是，当一个人把自己完全敞开、活得通透，就能明白什么是真正的幸福。

完全敞开、活得通透，看似简单的八个字里包含了非常深刻的人生态度，敞开意味着对生活、对别人、对自己、对周围的关系不纠结、不拧巴；通透意味着内心的明亮、智慧、爱与慈悲。具备了这样的内在能量，又怎么可能不幸福呢？

但是，不是所有的人都能感知到幸福，也不是所有人都具备感知幸福的能力。如何在有限的年岁里让自己能够从内心感受到真正幸福，是我们每个人都要学习的。

幸福是自己创造的，是自己内在的力量所能掌控的。安乐与幸福，说到底是一种"心"的感受，可以说幸福是一种能力，一种能够感知幸福的能力，而不是一种状态。

所以，我们需要去锻炼和提升自己感知幸福的能力，当具备了这种能力的时候，才会不受外在的一些因素影响，能够让幸福变得更长久和稳定，而不会患得患失。这就像我们学过的"一箪食，一瓢饮，在陋巷，人不堪其忧，回也不改其乐"的人生境界。

我每次讲课都感觉幸福满满，之前不知道为什么会这样，后来发现自己在给别人讲如何敞开、如何打开自己的同时，也是在训练自己幸福的能力。影响别人、唤醒别人的同时也是对自己的唤醒，也是对自己的提升。

我们不断去影响别人、帮助别人，实际上也是对方在帮助我们，让我们变得越来越善良，有爱心、有价值感，幸福感才会被激活。

幸福与什么有关

有人说，真正的幸福是既能在生活中苟且，又能拥有诗和远方。这个观点似乎没错，但不能说全对。无论是在生活中苟且，还是追逐诗和远方，都离不开人的"心智"。如果心念不畅，生活中苟且的时候，明明可以领略平平淡淡即是真，但却会变成鸡零狗碎磨灭了生活的激情与美好。如果心中欲望太多，即便拥有了诗和远方，也会觉得此山没有彼山的风景更美，找不到知足与感恩的快乐，永远在寻找下一个更好的诗和远方。

所以，真正的幸福生活与"心智"相关。

每个人终极的人生目标无非是解决物质和精神生活，最后达到身心的自由自在。当物质生活和精神生活处理顺畅了，人与自己内心的关系一定也是和谐顺畅的，如此才能达到身心灵统一的灵性生活。

一个人想要变得美好，真正的根源还是我们的心智模式，也就是看待幸福的心理状态。

如在不丹、美国夏威夷群岛居住的人们幸福指数很高，为什么会这样呢？因为不丹和夏威夷群岛的人们都信奉与大自然和谐相处，怡然自得。

可能有人要问了，当人处于健康快乐的状态时会感觉到幸福，那忽然疾病缠身或遭受了严重的打击该如何调整自己的"心智"呢？

某人被确诊患了癌症，在最初的一段时间里天天想着自己的生命即将结束，满心的恐惧和痛苦。经过化疗以后，医生给出了生命最后时日的预估。当他走在医院长长的走廊里，听着自己沉重的脚步声，突然萌生了一种想法"这是病魔想要控制我，让我的念头时刻处于最糟糕的状态，我必须尽可能地好起来，不能助长病魔的气焰"。于是，每天只要有生病无望的念头升起来的时候，他就选择冥想，专注于自己的深度呼吸上，从最初一呼一吸能坚持 10 秒到最后能坚持 30 秒甚至更长。当他把自己的意念专注于冥想，放空头脑和心灵的时候，病情似乎已经没有那么重要了。他只想让自己在有限的日子里尽可能地活在当下，专注于自己拥有的东西。他每天都和自己远在外乡读书的儿子连线视频，也会和爱人在医院花坛间的小路上来回散步，回忆他们初恋时的美好，甚至得到医生的允许之后，一起去看电影、听音乐会、做短途旅行，甚至去福利院做义工。

经过一段时间的调适，原本医生说他活不过半年，但事实上他一直带癌生存，愉快地活着。

所以，无论是普通人还是病人，是否能够收获幸福和外在的名、利、权、财关系不是很大，却和自己的"心智模式"息息相关。

如何发现幸福的陷阱

什么是幸福的陷阱呢？在《幸福的陷阱》一书中是这样讲的：幸福之所以那么难的另一大原因，是由于幸福的三大迷思。请检查一下，你有没有犯过这样的错误。

第一个陷阱，大部分人都把幸福当成是人之常态。为什么说这个迷思是一个陷阱呢？因为人生不如意十之八九，不幸福才是常态。

第二个陷阱，为了生活更美好，必须去除消极情绪。幸福并不代表没有任何消极的感受，相反，消极体验是人脑进化的自然产物，是无法根除的。幸福和负面情绪两者并不对立互斥。

第三个陷阱，很多人都认为可以控制自己的情绪和想法。事实上，我们对自身情绪和想法的控制程度，远远不如自己所期望的那么高。试图打败消极想法，然后用积极想法取而代之，这些努力不仅耗费大量的时间和精力，更重要的是，一旦无法做到，我们就会变本加厉地自我苛责，继而引发更多的消极想法和情绪，形成恶性循环。

如果明白了这三个陷阱，就更容易正确理解幸福和找到幸福的途径。

生活中我们总会羡慕：

别人家的老公温柔、体贴、懂浪漫，自己家的老公邋遢、矫情、又无理；

别人家的孩子懂事、优秀、爱学习，自己家的孩子顽劣、厌学、爱顶嘴；

别人轻轻松松升职、加薪，自己辛苦出差、加班却被老板熟视无睹；

别人朋友遍天下，而自己却找不到一个交心之人；

……

貌似幸福只是别人的事，但其实呢，别人眼中的你，远比你眼中的自己要幸福得多。很多时候恰恰是自己不接纳自己造成了这种"羡慕"和"攀比"。

希腊圣城德尔斐神殿上铭刻着一句著名的箴言——认识你自己。希腊和后来的哲学家喜欢引用这句话来规劝世人。

在我看来，"认识你自己"就是无条件接纳自己。如果我们能够真正地爱自己，爱自己身体的每一个部分，我们的生活将会发生令人难以置信的变化。

学会爱自己，就要随时关照自己的身体、关照自己的情绪，关照自己内心的需要，在觉察的同时，接纳自己，调整出自己最好的生命状态。这样，我们才有能力去爱和接纳我们的孩子，接纳我们身边的每一个亲人和朋友，才能和他们有良好的互动。

对很多人来说，学会成长和爱自己都要经过三个阶段。最开始，我们是情感的奴隶，我们相信让他人快乐是我们的义务，如果别人不高兴，我们就会感到不安。后来，我们发现牺牲自己迎合他人代价太大，开始变得对别人的情绪无动于衷，这个阶段看似洒脱，其实面目可憎。最后一个阶段，当我们成长为生活的主人，无论是帮助他人，还是善待自己，都是出于爱，而不是因为恐惧、内疚或惭愧，才能到达自由而快乐的境界。我认为这才是真正爱自己的最高境界。

爱自己的另一层境界，就是要停止与自己对立，也就是停止对自己的不满和批判，停止对自己的挑剔和责备，主动维护自己生命的尊严和价值。

当一个人能够真正接纳自己的时候，也就是吸引外界正能量的开始，当自己具备了满满的正能量以后，幸福的感觉自然就会不期而至。

找到通向幸福的方法

我认为找到通向幸福的方法很简单,那就是每天生出感恩心。因为感恩是爱的最高表现形式,每一次感恩,我们就是在付出爱。

所以,每天发现一个美好,并在那里停留3～5秒,我们的身体会分泌使我们感到幸福和愉悦的激素——多巴胺和内啡肽,这是经过科学研究证明了的。

很多时候人类的本能往往容易发现问题、牢记负面的事情,而忽略了生活中那些小而美好的幸福。

有位104岁的老太太耳聪目明,老而弥坚。有人向她请教长寿的秘诀,老太太笑了:"我有一帖灵丹妙药,那就是每天花3分钟时间感恩。"她说,花1分钟感恩父母、丈夫、儿女、邻居和陌生人;花1分钟感恩大自然给予的种种关怀和体贴;花1分钟感恩每一个祥和、温暖和快乐的日子。感恩使她心里永远流淌着幸福的泉水,有这样的"神水"滋养,身体自然健康,生命自然长久。

每次看到这个故事,我内心深处总会涌起温暖与感动。我们活在世上,每一天需要感恩的人和事太多了。

感恩是一种能够穿透生命的智慧,回报搭起了生命相互温暖的桥梁。一个人从呱呱坠地起,就沐浴太多的恩情:父母的养育呵护,师长的传道授业,夫妻的相濡以沫,朋友的意气相投,邻里的真情帮扶,素昧平生者的无私援助,更有社会提供给我们的良好生存环境和发展机遇,乃至大自然的阳光雨露、春华秋实。

对于给予我们生命的父母，我们要用一生去感恩；对于使我们懂得什么是责任、什么是担当、什么是一脉承继的孩子，我们也要一生去感恩；对于朋友，我们更要心存感恩，是他们给我们不同的指引和关爱，让我们对照着他们去学会接纳和给予。

每到节日，我尤其感恩父母和家人。一家人围坐在桌旁，推杯换盏，互相祝福，并让笑声挤满整个房间，我十分感恩拥有这样的生活状态。

感谢生命中的遇见！一些人，一些事，一些景，无论好坏，都是生活的馈赠。从中所感，从中所悟，都是生动的一课。教会我们如何去生活，并且找到属于自己的生活，认清自己，找到自己，也终于找到属于自己的美丽！

常常感恩的人往往是内在丰盈无所畏惧的人。当然，作为普通人，很难做到事事感恩，但我们需要对自己的念头和想法不执着。

很多女性朋友都期待婚姻能给自己带来幸福，但有没有想过婚姻中的另一半也期待你给他幸福呢？我们都期待家庭能给自己温暖和支持，但有没有想过其他家庭成员也期待你给他们温暖和支持呢？很多妈妈都期待孩子能如自己的心愿来成长，听话、懂事、温和，但有没有想过孩子同样期待妈妈能如自己的心愿不强求、不苛责、给予无条件的爱呢？很多时候，只要内在的"心"换个逻辑去想，很多问题就会迎刃而解。

任何人的幸福都不是人为求来的，而是修心修来的。能够理解他人，就是修心；能够包容他人就是修心；感觉时时处处可感恩就是修心。这样，人的恐惧感自然减少，内心会升起爱的力量，这样的人生，就一定会拥有真正的幸福感。

这就是通往幸福的方法。我们心态平和、宁静，智慧、力量和爱便会升起。内在决定外在，随着情绪调整能力加强，带着良好的心态与人沟通，我们的各种关系便会和谐友好，和人相处便更加自由、轻松、美好！

"我"才是一切的根源

网络上流行一段话：

一个不会游泳的人，老换游泳池是不能解决问题的；

一个不会做事的人，老换工作是提升不了自己能力的；

一个不懂经营爱情的人，老换男女朋友还是得不到爱情的；

……

这些观点都同时指向一个问题——"我"是一切的根源，要想改变外在的一切，先要改变自己。就像一行禅师所讲的那样：当我们愤怒时，我们自己就是愤怒本身；当我们快乐时，我们自己就是快乐本身。我们既是自己的心，也是心的观察者。所以，重要的不是驱赶或者执着于任何念头，重要的是觉知这个念头。

比如：

一位妻子抱怨说：我很不开心，因为先生经常出差不在家，回来以后也不帮我干家务。

一位妈妈说：孩子不听话，让我很抓狂，我是一位失败的母亲。

一位婆婆说：儿子娶了媳妇就忘了娘，我养了一个白眼狼，我的命真苦。

一位店员说：我们老板就是周扒皮，总挑剔我的工作，还不给我涨薪水，我运气不好遇到这样的老板。

一位司机说：那个人的态度真恶劣，把我气炸了，他超了车还向我吹口哨，要不是红灯，我一定追上去和他没完。

这些人在遇到事情的时候，都没有先看看"我"怎么了，而是把问题和责任归因于外在，这样怎么能够收获平和喜乐呢？

改变别人是痛苦的，改变自己才是幸福的开始。人越长大越会发现，世界不是以自我为中心的。有些事情越是强求，越是容易被其所困。

全世界最厉害的武器不是原子弹，而是感动。很多人经常找别人缺点对比自己的优点，所以天天生气，继而家庭不幸，企业不幸，员工失和，诸事不顺。我们要是能学会拿放大镜看他人的优点，那我们的生活将会非常幸福。

正如英国一位教主的墓志铭上记载：我年少时意气风发，踌躇满志，当时曾梦想要改变世界，但当我年事渐长，阅历增多，我发觉自己无力改变世界，于是我缩小了范围，决定先改变我的国家。但这个目标还是太大，我发觉自己还是没有这个能力。接着我步入了中年，无奈之余，我将试图改变的对象锁定在最亲密的家人身上。但上天还是不从人愿，他们个个还是维持原样。当我垂垂老矣，我终于顿悟了一些事：我应该先改变自己，用以身作则的方式影响家人。若我能先当家人的榜样，也许下一步就能改善我的国家，将来我甚至可以改造整个世界，谁知道呢？

所以，当我们想要追求幸福、获得幸福的时候，先要找找自己的问题，若想获得自己想要的一切，我们能改变的只有自己。

幸福的活法

在我们追求幸福的路上，大部分人都是迷茫的，不知道是什么阻碍了幸福的到来。所以，不幸福有三大原因，即无明、无爱、无力。

无明。其一不知道自己要什么，比如经常说的口头禅就是：随便，怎样都行，你们说了算，无所谓。表面上看着很和平、很佛系，实际上是不重视自己的感觉，自我存在感很弱。一个人如果自我存在感很弱，别人就会很容易忽略你。

其二不知道该怎么活，每天都是被动地应对生活中发生的事情，天天都很忙，回头一看结果不是自己想要的。

其三遇见问题不知道怎么解决，挂在嘴边的就是"这可怎么办？"不会解决问题的人生，就是最被动的人生。

其四总希望别人为自己做主，为自己负责。把别人当成自己的救命稻草，在这个世界上任何人也无法代替你，因为你的生活是需要你自己去过。

我在"创造幸福家园"的课程里告诉过大家，每个人都存在"有限的自己"和"无限的自己"。一个人活在"有限的自己"里面，注定会被自己过去的经历、别人的评判、当下的结果所限制。活得越来越没有感觉，自然也就不愿意让自己清醒觉知地去活。

无力。首先，表现在事业、财富能力差。如果一个人力量不足，就不可能绽放出能量。就如同一朵花，如果能量不足，花就会自动放弃已经孕育好的花苞，花骨朵就会掉下来，而无法绽放。

其次，做事无力，不持续。懂得道理很多，但就是做不到。做任何事情都会断断续续、走走停停。其原因并不是因为懒，而是他自己本人也很痛苦，但无力改变。

最后，辛苦费力地证明自己。表面上看非常有力量，甚至看起来有些强势，但其实是咬牙证明自己，用透支的方式强迫自己做事。这样对自己的身体和情绪有极大的伤害，活得非常辛苦，并且后劲不足。

无爱，最直接的表现就是不接纳自己，也不接纳别人。

首先，健康和情感很容易出现问题。在情感关系中不会爱，也感受不到爱。这会让关系中的另一方感到委屈和失望。

其次，不接纳自己，挑剔、评判自己。对自己苛刻，即使别人都说很好了，自己仍然不满意。

最后，不接纳别人，评判别人，总试图控制改变别人，把控制当成爱。

所以，当我们明白了不幸福的核心原因，那么如何去活得幸福呢？下面我要讲述的就是幸福人生创造法则。

首先，世界是一个巨大的投影，投影源就是自己的信念。信念是什么，就会在外在世界看到相关的镜像，看到的又会加强信念，而被强化的信念会创造更多的外在事实。例如，你如果相信挣钱难，你看到的都是挣钱很艰难的例子，你也就创造出自己挣钱特别艰难的生活现状，体验到的就是钱真的很难挣。

其次，用相信法则创造幸福人生。你想要怎样的生活？你想要怎样的生活你就坚定地相信什么！

再次，在思想语言和行动中积极践行。"我"是自己世界的创造者，"我"有正向的思想、踏实的行动，"我"创造了自己的世界。

认同了幸福生活的创造法则我们就能聚焦能量。这个能量能让每个人放下过去的伤痛，放下过去的美好，只以感恩的心祝福过去。同时，释放对未来的恐惧和担忧。未来有无数可能性，不要用一种假设来框定未来。我们能处理和面对当下的所有状况，但却无法进入未来去处理任何事情。所以，不要让自己在不可能做的事情上消耗自己的精力。相信所有发生的都是你能面对的，能很好处理的。

最后，接纳当下的一切，去体验当下发生的每件事情带来的好的感受，以及不好的感受。幸福人生就是活在美好的当下，不管事物有多么渺小，都全然去体验；在有挑战、有困难时不阻挡、不抗拒，把当下的挑战看作生命的垫脚石。

幸福的一生，就是感恩过去、祝福未来，带着全然的爱拥抱当下所有的体验！

第1块幸福拼图
家庭情感保卫战

婚姻中出现出轨怎么办

很多人提到"出轨"的第一反应认为第三者是肇因,其实第三者的介入就如同牙缝里塞进的一根菜,根本原因是牙齿之间有了缝隙,才让第三者可以乘虚而入。

无论是普通人还是明星,无论是曾经的热恋情侣还是有了共同生活基础的夫妻,都可能会遭遇"出轨"这并不美好的感情风浪,我们需要静下心来分析原因,才能规避婚姻触礁的风险。

不管我们的情感生活里正遭遇怎样的问题,首先要能够放下自己的情绪,确保让自己变得客观和中立,才能真正发现问题的根本所在,以及找到答案。

在我看来,大部分的出轨都源于两个原因:

第一,得到了在婚姻中缺失的东西。比如,陪伴、欣赏、赞美、呵护。在婚姻里,如果一个男人一直渴求欣赏和信任,恰恰他的妻子并没有给予他,当外面有一个红颜知己,经常在男人需要欣赏和信任的时候及时地给到他,有可能这一份内在的渴求会造成出轨。假设女人在婚姻里感到孤独,希望能够有陪伴和守护,得到温暖和安全感,自己的丈夫却不懂妻子的心,这时如果有一位男性给了这个女人非常安全、温暖的陪伴和守护,也会让这个女人在婚姻情感里有出轨的可能。

第二,出轨激发了婚姻内未被激发的。比如,激情会让婚姻中的男人或女人有一种特别的感觉,从而促使他们去追求这种感觉。出轨当然并不光彩,无可讳言这却是一个诱因。

除了以上两个原因，婚姻出轨也分三种情况：第一种属于一夜情。第二种属于精神出轨，这是一种很难界定的暧昧感觉，这种感觉有时候会突破彼此的边界，比如妻子认为丈夫晚上还给其他女性发信息就不能容忍，丈夫认为妻子对其他男性说关心的话就不能接受，那么这些就是越界了。再比如，丈夫开车送异性回家并把副驾驶的位置留给了妻子之外的其他女性，这也有越界的倾向。我们讲在婚姻中双方要有契约精神，如果你爱你的爱人，你就要顾及对方的感受，如果对方不喜欢，你再这样去做，这就属于越界。在婚姻中，信任不是说事情发生之后，你要求对方信任你，真正的信任是你根本不会让对方产生误解的事情发生。

有一对夫妇，男人事业做得特别好，人到中年，依然常年保持健身习惯，有风度而潇洒，充满了成熟男性的魅力。当他们夫妇共同去参加宴会，丈夫总会给自己的妻子剥虾壳，旁边的人都非常羡慕。有一个年轻娇媚的女性就对那位男士说："陈总，看您的手真巧，怎么也给我剥一个啊！"那位男士听完之后，抬起眼来，特别坦诚地对这个年轻女性说："这个不难，你跟旁边的人学一下就可以了。"轻描淡写的一句话，却立刻让所有吃饭的人对他肃然起敬。貌似只是一个剥虾的行为，但这是男人给妻子一份专属的爱的表达，是在行为上的体现。

所以一个在婚姻里真正爱对方的人，绝对不可能在生活里不顾及对方的感受，去创造一些和其他异性的暧昧，存在越界的行为。越界会对对方造成伤害，因为精神出轨久而久之一般会发展到身体的出轨。

第三种情况就是身体和精神都出轨了。这种情况往往会造成婚姻的彻底决裂，即使还能修好也终是破镜难圆。

那么出轨挑战和撼动的是什么呢？挑战了爱、感受和生活。一是挑战了爱，爱具有唯一性和专属性，要么爱，要么不爱。二是挑战了感受，面对出轨，会让人感到委屈、失望、伤痛、恐惧和愤怒，会让原本平静的内心泛起巨大的波澜。三是挑战了生活，夫妻关系包括双方父母、孩子以及共同的圈子，出轨虽然是夫妻两人的事，但却会让彼此的生活变了基调，会让双方营造起来的诸多关系受到影响。

出轨行为也许并不复杂，但造成的伤害却是一连串的，甚至会造成无法挽回的结局。

在情感关系里遭遇了出轨，就要学会真正放手和放下，对自己说"我已经受了伤，我绝对不允许把这个伤害放大"。果断放下，然后独自处理感受，放过别人、疗愈自己，迎接崭新的开始。

当然还有另一种可能就是忍，那么这将是一场真正修行的开始。如果我们又把自己的生活回归到过去的轨迹里，人还是之前的人，但情已经不是原来的情，那么走着走着，可能还会走到离婚这个节点，这就是为什么很多情侣分分合合，到最终试了很多次，还是决绝分开了。

所以我们这个"忍"，要面对接下来的几个修行：

第一，要放下过去的伤，主动删除一些伤痛的东西。不要又离不了又合不在一起，这样的婚姻状态最痛苦。你要在心里这样想：今天和他复合是你刚刚认识他，至于他之前发生过什么，和你都没有任何关系。

第二，扔掉之间的怨。我们放下了伤，还要扔掉怨，这个怨是什么？怨，就是两个人之间的垃圾桶。有人出轨了，如果对方愿意回归家庭，对方会道歉。但如果在后来的生活中双方经常因此事争吵，出轨的一方起先会觉得内疚，但到最后，他开始为自己的行为去开脱、找理由，甚至变相指责是因为对方某些方面没有做好所造成的，这样关系永远无法修复。所以，如果我们决定两个人继续生活，一定要扔掉之间的怨，因为生活还要继续。

第三，弥补自己的缺。问一问自己，对方出轨自己有没有问题？当我们放下过去的伤，扔掉了之间的怨，主动去弥补自己的缺，才能重建全新的好。

有一个温暖的爱情故事值得我们借鉴：

结婚几年之后，男人提出自己在外边有了爱的人，要和女人离婚，女人听完了只说了一句话：好，我同意离婚。可是在离婚之前，我有一个愿望，你能不能帮我达成？男人见女人如此痛快答应了，他也觉得应该弥补一下对方，便说：好吧，你有什么要求，我都答应你！

女人说，我希望你能够陪我再走一遍咱们两个人度蜜月时走的那条线路。男人听完之后，不屑一顾地说：我们都已经要分手了，再去走一遍，干吗啊？女人说：这只是我离婚的唯一要求，你能帮我完成吗？男人不好拒绝，于是就答应了。在第一天的时候，男人心不在焉，经常走到一边去打电话，经常敷衍地陪着女人，偶尔帮她照照相。

到了第二天，他们去到了他们曾经去过的一家咖啡厅。这个咖啡厅所有过去喝咖啡的人都会留下小小的信笺，这些信笺都贴在咖啡厅的一整面墙上，那里留下了游客的心声。女人很好奇地说：我想找一找，不知道我们当年贴的那张纸还在吗？男人也有一点点好奇：那就看一看！

他们找啊找啊，结果找了两个小时，终于在一整面墙里面找到了当年他们两个人共同写下的那张信笺。信笺纸已经变得有些泛黄，但是字迹却如此熟悉，当男人看到那熟悉的字迹的时候，瞬间眼眶泛红了，因为那是他写的，上面坚定地写着：让我们相爱相守一生！他拿着信笺，悄悄地把它攥在手心，装进了自己衣服最里边的口袋里。

下一站，他们去的是他们曾经去过的当地很有名的一个面馆，这个面馆不大，多年由一对老夫妻经营着。男人回味道：这个面馆的味道真的是好啊，他们家的面一辈子都难忘，两个人进到面馆，老人看到了男人，又看了看旁边的女人，说道：原来是你们小夫妻啊，快来，快来，快来坐坐，尝一尝咱家的面还是不是那个味道！

男人很惊讶，就问他：这么多年，您的面馆有这么多的客人，您怎么还记得我们两个？老人一边挽着袖子，一边对男人说：你好福气，娶了她当老婆,当年你们上我这儿来吃面,那个时候好像没有多少钱,两个人互相推让着吃一碗面,结果女孩说她不饿,就把面推给了你,你可能饿坏了,就狼吞虎咽地吃掉。后来女孩就跑到后厨跟我要了一碗面汤喝了。所以我知道,这是一个好女孩,你娶她,可是你一生的福气啊!

老人家说完这句话,男人再也忍不住了,眼泪从他的脸庞滑落,直接扑簌簌地掉进碗里。等到旅行结束的那天,女人对他说:谢谢你陪我走这一程,已经满足了,我祝你幸福!男人听到妻子说这句话,他再也忍不住了,一把搂过女人,哽咽着对女人说:"对不起,我错了!我不只要陪你走这一段旅程,我要陪你走完这一生一世。"

在婚姻里,如果遭遇出轨挑战,请把这份伤害变成一种成长吧。

情感保鲜法

我们都见过这样的场景:两个孩子在沙滩上建城堡,妈妈喊他们走的时候,往往男孩会飞起一脚把沙堡踢烂,而女孩则会对自己建的城堡恋恋不舍,这就是男孩和女孩心理不同造成的。男孩不是破坏欲强,而是征服欲强,当他摧毁了自己建的城堡意味着要重新征服一个新的;而女孩比较恋旧,越是有感情的,她就越珍惜,越眷恋,越不舍。所以在婚礼上,新郎、新娘两个人的反应真的不太一样,通常新娘抱着捧花,在婚礼的酒店大门口外边等待着,你就能看到她浅浅羞涩的笑,有一种特别憧憬幸福生活的感觉。新郎那天因为要招呼很多人,有忙碌的疲惫,同时也有一种放松的感觉,因为对新郎来说,他有一个潜台词——终于到手了,终于是自己的老婆了。所以两个人进入到婚姻后,女人往往会抱怨为什么他对待我不像恋爱时候那么好了？为什么感觉他不如原来对我有兴趣了，没那么有激情了。事实上是男人的那份征服欲不见了，留下的是他原来的那份爱。

所以婚姻情感里面女人不要认为结婚了，就想当然地认为男人应该对自己越来越好，对男人来说，当他娶了你的那一天，他对你的新鲜感也要告一段落。而真正优秀的女人，就像谜一样让男人不停产生新鲜感，今天我让你登顶，但明天我这个山会继续变高，于是男人娶了这样一个女人，就好像一生攀登了一座永远攀登不完的山。这个时候会一直引发他的征服欲，他不断征服的同时，实际上相当于爱了这个女人一生，就是这个感觉。

大部分人很难抱有好奇心和美好的感觉来看待自己的配偶。国外做过一个小调查：一个男人到底对自己的妻子或者女朋友着装有多么关注？找了几对伴侣，他们在外边约会吃饭，中间会安排女士借去洗手间之机，换一换身上的着装，帽子或上衣等。结果参加测试的男人，80%都没有察觉到爱人穿的衣服或者戴的饰品发生了变化。

这说明男人大部分属于不敏感型的，尤其是对自己身边非常熟悉的伴侣，多数情况下会表现得没有好奇心和新鲜感。

也有人说，想要情感保鲜就要刻意制造新鲜感，这当然没错，但一生很漫长要制造多少新鲜感呢？

情感的保鲜就是让我们从头脑回到心，回到心是一种什么感觉呢？就是能够从心里感受到当年第一眼爱上对方的那个瞬间，心里始终想着依然爱他身上的那个特质，只是很多时候生活遮蔽了那个特质，让爱的感觉没有了。

在日本和韩国有一个习俗，当老公下了班，妻子一定要到门口迎接一下，这个迎接最主要是连接一下对方今天的感受，他今天是疲倦还是开心，是沮丧还是兴奋。如果找不到正确的感觉，往往就会产生误会。比如男人下班到家时，妻子正在用心张罗着晚餐，她感觉自己做的菜丈夫一定会喜欢，于是就在厨房大喊先生来吃饭。可是男人因为在外面遇到一些不开心的事，情绪低落，听到妻子喊话要么回答不积极，要么沉默。于是女人继续喊，男人一时间无法从自己的状态中调整过来，可能会说不想吃。这个时候女人也从最初的开心状态变成了不开心和沮丧，就会抱怨："人家忙了半天，你却一脸不领情的样子，你有没有考虑过我的感受？"而男人则会说女人无理取闹，于是本来挺好一顿晚餐就变了味道。

这样的状态就是没有在当下感知到对方，没有感知就看不到对方的心事和变化，看不到对方的优点和精彩，那样又如何保鲜呢？

我们都曾热恋过，在咖啡厅里，你抱着一杯咖啡，我端着一杯茶，偶尔两个人一抬眼，相互凝望，瞬间会意地笑了，这就叫作心有灵犀，那个时候彼此一定是走心的，这时不需要言语也会产生默契，也能感受到对方的爱。夫妻之间要经常有一些肢体的触碰与抚摸，比如，拉手、拥抱，这些最自然不过的动作往往能起到非常好的建立亲密度的作用。

心来到当下，用这样的方式来体验，我们就时时刻刻感觉到满足，我们才会享受到生命持续不断的喜悦和快乐，就会在生活里带着宁静和觉知去生活。

情话好好说

"情话"就是听着让人觉得有感情、动真情、有才情的话，说得简单些就是让人听着舒服、入耳入心的话。

比如：

胡适说：醉过方知酒浓，爱过方知情重，你不能做我的诗，正如我不能做你的梦。

钱钟书写过：我不要儿子，我要女儿，只要一个像你的！

沈从文说：我行过许多地方的桥，看过许多次的云，喝过许多种类的酒，却只爱过一个正当最好年龄的人。

朱生豪说：我想作诗，写雨、写夜的相思，写你，写不出，我愿意舍弃一切，以想念你终此一生，醒来觉得甚是爱你。

诗人海子说：今夜我不关心人类，我只想你！

无论是诗人还是普通人，情话总会让人觉得既美好又浪漫，而现实生活中却发现情话太少。

情话不仅仅是我们热恋时你侬我侬，情深似海干柴烈火地表达，更应该是贯穿一生温暖心头的话。生活里一百句好话，抵不过说错一句话，所以夫妻之间要学会情话的表达。比如，男人对女人有抱怨，会说：你穿这个衣服太难看了！你怎么这么笨啊？你怎么连个路都不认识啊？你能不能把家照顾好？这就是评判的语言。在恋爱时，女人无论多笨，多不会买衣服，在男人眼里也是一种萌萌的可爱，笨笨的可爱，男人也会摸摸她的头，说一句"这笨的，离开我可咋办呀"，这是一种爱的表达，是情话。当进入婚姻里，评判性的话就变了味，男人在恋爱的时候说的评判的语言更多是对女友的疼惜，结婚后说评判性的话则变成了自我的优越感，想在女人面前逞英雄。

女人在婚姻情感里，爱说抱怨的话，比如：你现在一点都不关心我！咱家里的事你啥都不管！你每天就不知道早点回家！女人说抱怨的话是在表达自己的委屈，背后真正的需求是想要一份安全感。明明是双方在表达爱和呼求爱，但说出来的话却成了评判和抱怨。

如果一个女人总是遭受评判，她就会形成一个潜意识，认为自己不够好。于是，女人就慢慢变得失去自信，失去生命的光彩。男人也是如此，如果经常听到爱人的抱怨，他也会觉得自己一无是处，会有很深的挫败感，轻者会变得失去奋斗的动力，重者会变得更加不负责任。

夫妻相处一定要记住，"说出去的话，泼出去的水"，每一句话说出去了，就形成一部分事实。所以永远记得，如果你不希望这个男人天天回来得晚，不希望他对家不管不顾，你就不要成天把这些话挂在嘴上，你的生活终究会成为你嘴里说的样子。

举个例子，女人在家里做饭做多了，如果丈夫说："又做多了？就没个数吗？天天吃剩饭。"这时候女人就会马上怼回去："哪天天做多了？谁让你吃剩饭了？你不愿意吃，你别回来吃啊！"这样的对话瞬间就能引起一场战争。如果是客观地陈述感受，男人就会说："亲爱的，天天做饭挺辛苦，下次咱们少做点饭，就不用总剩下了，不行咱们下馆子吃吧。"女人如果也有智慧就会回应："我的厨艺需要提高，要不总做多，下次你得提醒我一下。"这样一来，两人都是在客观陈述事实。

我爸爸一辈子不会做饭，没下过厨房，但是我妈做了一辈子饭，我觉得她都乐在其中。有时候，如果我妈做的菜咸了，我们都会嚷嚷："妈，今天的菜怎么这么咸啊？"这时候我爸就会打圆场："范围之内，范围之内，不做饭不知道做饭的辛苦，哪能每次都这么合适啊？范围之内！"我们就笑。

这种日常的对话不比那些大文豪的情话逊色。我爸会赞赏我妈，我妈也乐在其中，这就是一种很好的夫妻相处之道和沟通之道。

所以，两口子之间的情话就是过日子的时候说的暖心的话。我觉得这些老百姓说的实实在在的情话，比那些文豪说的情话更重要，文豪说的情话，可能一生只会说一次，而我们过日子说的暖话，却要年年说，月月说，天天说，时时说，说一辈子，我们才能够把自己说得幸福。

婚姻和孩子的关系

婚姻对孩子的影响有三种：一是夫妻关系对孩子的影响；二是父母分别对孩子的影响；三是离婚之后父母对孩子的影响。

有了孩子的家庭，似乎序位就发生了错位，孩子在一个家庭排在最靠前的位置，生活的一切重心都围绕着孩子，吃什么、家里安排什么活动、学习和生活方式也多数因孩子而改变。这样一来，夫妻关系有时候都让位于孩子，夫妻关系淡漠了。事实上，一个家庭真正的序位先是夫妻，然后才是孩子。父母是一棵树，树上开的花结的果才是孩子。我们每个人是盼着繁花似锦，硕果累累，可是别忘了，为什么会开花？怎样才会结果？一定是树先长得健壮。所以在这棵树里面，母亲如同是根，父亲如同不断向上长的树冠，只有各自做好了自己分内的事，这样根扎得深，枝冠茂盛，那么开花结果才是水到渠成的事。

如果父母自己的根不扎了，树冠也不向上长了，整棵树都没空管了，所有聚焦都放在孩子身上，就看着这个花，这花哪有能量去开？怎么可能结果？所以在婚姻里，我们一定要找准自己的位置。

第一个方面是夫妻关系对孩子的影响。夫妻关系和谐美好就能传递给孩子爱和家的温暖。孩子在用眼睛和耳朵来体验生活中父母的相处模式，在习得父母的爱与幸福。

父母对孩子的影响就是真实。如果夫妻关系有了问题，面和心不和，孩子是能够感知到的。父母应该如实坦诚告诉孩子，爸妈遇到了一些问题，需要各自成长，这样孩子反而会受益。

杨澜因为一直做电视节目，非常忙，她很内疚没有陪孩子，每次回家就给孩子道歉！结果孩子还真的很生她的气，并且经常对她说：你别管多伟大、多成功，你也没管过我！杨澜就很困惑，忽然有一天，她就想明白了，她依然非常开心地享受她的工作，每次回家之后，她就给孩子分享自己的一些工作。孩子，你知道吗？今天我去了一个学校，学校里面有1000多个像你这样适龄的孩子，我给他们讲了一堂什么样的课程，然后怎么怎么样。担任2008年奥运大使时，她每次回家就把自己为奥运会所做的一些特别精彩的事情分享给孩子，结果孩子每次都会说：妈，你真的很棒！你就是我的榜样，我也应该成为像你一样优秀的人！

　　这就是一种真实，一种榜样和次序。父母先把自己活精彩了，然后孩子就能够看到。

　　我从小就是在目睹父母不断秀恩爱的过程中长大的。有了好吃的，妈妈会说爸爸是家里的劳动力，操心最多，应该让给你爸。我爸会说，你妈是最辛苦的，身体不好，应该多照顾你妈。我们姐妹四个就是在看着我爸、我妈秀恩爱中长大的，但是我们从来也没有觉得因为父母相爱亏欠了我们，反而觉得很幸福。

　　漫画家蔡志忠在书里讲过，他小时候生活在农村，父亲很少说话，更不怎么和他沟通；而母亲虽然没文化但勤劳能干，性格乐观又爱听戏，劳动了一天还要兴高采烈地去看戏，每次听完戏还要在田间地头跟着哼唱。虽然父亲因为母亲爱看戏吊过脸子，但母亲依然非常乐观地干好农活后去看自己喜欢的戏。于是乐观的母亲成了蔡志忠灵魂的引领者，那就是无论过的是怎样的生活都要让自己开心幸福。

　　当我们开心和幸福的时候，就不亚于给孩子说：孩子，爸妈生养了你，把你带到这个世界上来，是为了让你开心的，你看到没有，生命就是爸妈这个样子，真的好开心啊！身为父母要让孩子看到这种幸福的样子，才让孩子觉得他也有幸福的权利。

第二个方面就是父母分别对孩子的影响。母亲在家里代表着包容、理解、支持。总结下来就是母亲要给予孩子无条件的爱。无条件的爱不等于失去边界，而是一种温柔和坚定，一种共情，一种我爱你但也有边界的爱。这样孩子既被母爱包容着又不会被惯养成一个任性、娇惯的人。母亲给予孩子接纳，不用条件去和孩子交换爱，更不能因为孩子没有达到期望而对孩子指责、打击、比较和失望。

母亲对孩子充满了无条件的爱，又告诉孩子爱的界限，于是孩子就会养成很好的习惯，对人有礼貌、做人有诚信、守时，这就等于我们用爱去养孩子。这就是母亲作为树的根要给孩子的营养。

父亲是什么？父亲是树冠，是孩子的榜样。母亲是一直孕育和储蓄孩子的能量，当孩子能量饱满的时候，这个能量不能放在这里面一直不用。孩子的能量饱满了，怎么办呢？这个时候父亲带着孩子去冒险，去爬高摸低，父亲带着孩子去勇敢探索，带着孩子第一次骑车，带着孩子第一次滑冰，所有的这些第一次冒险都是需要父亲带着孩子去完成。

在我家，三姐学骑自行车的时候，是父亲有力的大手在后面把着，给她鼓励，悄悄放开车又随时跟在后面保护着；我跟着父亲去捞鱼，捞到的不是鱼是蛤蟆，然后开心地大笑。父亲留给我们的是温暖和力量。

这就是父母带给孩子不同的感受，母亲永远是要让孩子向你说心里话，说为难的事，说不敢跟爸爸讲的话。父母永远是孩子坚强的后盾，足够有力和温暖。

第三个方面的影响就是父母离婚了怎么办？离婚是父母感情走不下去的结果，要让孩子从离婚这件事上看到父母的自由选择和对各自情感的负责，而不要让孩子体会到爱和幸福的消失。尤其不能对孩子说"是因为你爸妈才没有离婚"，这样对孩子来说是一种伤害，孩子不应该承担父母感情经营不善的后果。

特别是父母不要在孩子面前评判对方。父母虽然离婚了，但依然是孩子的父母，这一点永远无法改变。不管对方怎样，毕竟孩子的生命一半是来源于他的基因，你去诅咒、辱骂、怨恨那个人的时候，就相当于也同理在诅咒、辱骂和怨恨孩子的另一半。尤其是你越贬低对方，孩子就会觉得自己越糟糕，因为你可以和这个人再也没有关系，但是孩子此生都没有办法和他切断关系，因为这个人不是孩子的爸爸，就是孩子的妈妈。

所以不要因为离了婚，就把仇恨的种子种到孩子的心里。夫妻之间的矛盾，就好像一把射出的箭，不管这把箭从哪一方射向哪一方，第一个穿过的就是孩子的心。所以，既然离婚已经是生命当中的一种伤痛，就不要再让这个伤痛再伤及无辜的孩子，所以在孩子的面前永远不评判对方，给对方一个客观的、友好的、感恩的评价，让孩子知道，只是我的父母不适合在一起，但父亲在母亲的眼里还是一个好人。

如果离婚是我们曾经在婚姻的课题上挂了一次科，那么离婚之后，我们就需要用一个更好的补考成绩来把这个课程自己补上，所以婚离了，不要伤害孩子，应该让孩子在这个过程里边得到成长，让他知道，原来生命是关乎爱自己、尊重自己的。

生命里有很多的选择，当两个人不适合分手之后，还是可以友好地、平等地对待彼此，知道这个人间永恒的都是爱，只不过爱存在的方式有很多种。

事业 VS 情感平衡法则

很多学员提出关于"情感与事业的平衡"的问题，尤其是女性朋友们会面临着家庭和事业的权衡，一部分人觉得自己出来工作就不能顾家，也有些人因为顾家而失去了自己的事业和走上社会的机会。男人也有这样的困扰，往往顾了事业就不怎么顾得了家庭，大部分男人也很委屈，认为自己辛苦在外打拼不就是为了家吗？所以，如何平衡情感和事业往往影响家庭关系，也影响男人和女人内在自我的价值感。

不论男人还是女人，如果把家庭建设好，那么一定会在事业上更用心，会更有动力。事业做好了财富就会增多，那么会给家庭带来更多的幸福和安全感。同样的道理，如果一个人爱事业，就会在家里更有自信、更乐观，有了事业方面的历练，会收获和掌握更多的智慧和能力，面对和处理家庭的事务会游刃有余，对家庭的建设更有力量。

事业和情感的平衡还体现在，事业的成功会带来足够强大的经济基础和经济实力，就可以为家里带来安全、幸福、富足的生活水平。无论是孝敬老人还是支持孩子，无论是向爱人表达爱意还是营造更多生活的仪式感，都离不开事业带来的经济基础。没有面包的爱情终究会出现这样那样的辛酸。

夫妻双方无论谁，如果不爱事业，就会变得没有目标、死宅、沉沦、自暴自弃这些负面的状态就会充斥在家里，不仅自己活不出价值，也无法给孩子树立榜样。

当然，不是说全职妈妈就无法平衡情感和事业，在我眼里，全职妈妈并不是没有事业，养育孩子、照护家庭是更大的事业，所以全职女性要对自己充满自信，拥有价值感，并且把这份价值感传递给丈夫和孩子，让他们觉得人生有很多种活法，为家庭有很多种付出，全职妈妈付出的心血远远无法用金钱衡量。如果一个全职女性价值感很低，认为自己因为顾家而错失了走上社会、走上工作岗位的机会，那么她就会心生抱怨和自卑，要么认为是家庭和孩子牵绊了自己，要么会觉得自己与社会脱节没有了用武之地。如此就会不断地怀疑自己。

一个母亲如果不仅是把自己的儿子当成自己的孩子养，同时还把儿子当成社会的人、当成社会的栋梁来进行培养，那么这个时候，男人会觉得我的妻子真是很伟大，她做的事情这么重要，因为她引领的是孩子的生命，她提升的是孩子人生的格局。

当然，夫妻俩共同做事，一个在外边打拼，一个在家里照顾家庭，夫妻两个无论是谁、无论在职场上多么显赫，回到家里，都要褪去自己的那个社会角色，让自己纯粹地还原到丈夫或妻子的家庭角色——丈夫应该顾家，呵护家人；女人应该做回母亲，尽显你女性的温柔。对于双方而言，切不可下班回家后就理所当然什么都不做，甚至回到家还是一副老板、女强人的样子，这样的日子谁又能受得了呢？

事业和情感的平衡是非常重要的，这就要求我们对待事业要追求一种极致和用心，当全心全意到极致的时候，就会变成正能量，这个正能量就会对情感起到积极正向的影响。通过情感和事业的良好平衡真正地去激发出生命所有的潜能，让每一个人生活得既有爱，同时又丰盛富足。

幸福的家庭是"经营"出来的

一个家庭的幸福和谐，是靠两个人共同去承担、维护、理解、认识的。仅靠单方面的维护是得不到幸福的，要共同理解、共同承担、共同维护、共同认识，两个人要有默契感、互相尊重、互相体贴、互相爱慕，达到夫唱妇随的那种感觉，就能得到幸福感。

有一对事业有成的恩爱夫妻，日子过得有声有色，孩子教育得让人羡慕，公司业绩年年节节高升。他们夫妻二人组建家庭之时，妻子也像大部分妻子一样，带孩子、做家务，丈夫一心扑在工作上疏于照管家庭，妻子也会指责、抱怨，甚至说一些非常伤人的话；丈夫因为在外辛苦工作反而受到妻子的抱怨，这一度让两人的感情变得岌岌可危。再后来夫妻两人共同创业开工厂，公司越做越大，矛盾也越来越多。妻子觉得自己是老板娘，管的事不少，所以就不服自己丈夫（也就是老板）的管理，当着员工的面或朋友的面也会数落自己的丈夫。时间一长，两人差不多闹到了离婚的边缘。后来丈夫选择去学习企业管理课程，而妻子则报了身心修养的课程提升自己的能力和素养。

经过学习夫妻俩都有了非常大的变化，丈夫知道了如何在做好管理企业的同时照护好家庭，妻子也懂得了夫妻之间怎样好好沟通才能既不伤感情又解决问题。妻子懂得了女人要柔，于是她做了一个决定，回归家庭，重新担负起经营家庭的责任，陪伴和教育孩子，做好丈夫的贤内助。丈夫发现妻子从之前动不动就河东狮吼的强势状态变得那么宽容、善良，也更爱妻子了。孩子也从之前的叛逆状态变得越来越懂事，跟爸爸、妈妈像朋友一样相处。

每一个人都走在觉知自己、修为自己的路上，如果觉得家庭不和谐了，不妨停下脚步想想，是对方变了还是自己退步了，让自己不断学习成长，才能达到觉察的境界，才能修好与周围人的关系。

幸福家庭需要经营，夫妻双方不断进步，整个家庭才能越来越好。

巧断家务事

俗话说，相爱是一个人和另外一个人的关系，但结婚就是一个家族和另一个家族的关系。打个比方，结婚就好像两家公司分别出资建立了一个新公司，新公司看起来是独立的，但是和出资的两家投资公司都有着千丝万缕的关系。

无论是公婆还是岳父母，说到底还是在用爱的形式来维护各自的利益关系。公婆和儿媳没有血缘关系，岳父母和女婿也没有血缘关系，但因为自己的儿子娶了一个女人进门，自己的女儿嫁了一个男人，就变成了名义上的一家人，这个关系非常复杂和微妙，表面是爱，是一家人，但根源还是各自在维护自己的利益。

养儿子的希望养儿防老，所以老人最怕儿子娶了老婆忘了爹娘，如果发现儿子过分爱着老婆而对自己生分，内心就会担心儿子被这个"外来的女人"抢走，怕自己的权威被撼动，怕儿子再也不像之前那么听父母的话。这在很多方面能够表现出来，比如不少家庭会因为两代人育儿观不同而产生冲突，在生活理念上不一样造成矛盾。另外，老人最怕儿媳妇指责自己的儿子，因为潜意识里老人会认为儿媳妇指责的是自己基因不好。

知道了这些，作为聪明的儿媳妇要体察到公婆的真实内心需求，不去触动他们的权威，也不要让公婆有会"失去儿子"的那种感觉，尽量不去改变长辈既成的生活理念和价值观。

举个例子，爷爷、奶奶帮着带孩子习惯喂饭，妈妈觉得自己育儿理念先进坚决不让喂。于是儿媳妇对自己的妈妈即使语言不委婉，妈妈也能担待女儿的意见；而如果是婆婆则不然，婆婆会认为儿媳在挑战自己的权威。

作为儿媳尤其不能影响自己丈夫与他父母的关系。试想，如果你的丈夫连他的父母都不爱，又怎么可能爱你呢？本来公婆对外来的媳妇就比较敏感，儿子好天下太平，儿子不好往往会认为是儿媳影响的。所以，妻子应尽量收起自己的脾气、情绪和抱怨，多向丈夫吹点正能量的风，少煽风点火指责公婆，如果做不到这些，只会让你丈夫要么认为你不善解人意，要么和他父母闹矛盾，会让整个家庭变得鸡飞狗跳，毫无宁日。

儿媳把一些好的生活理念和生活方式带到公公、婆婆家，女婿也把好的生活方式带到岳父、岳母家，这样才能够越来越好。

在女婿和岳父母之间，岳父母的基本利益就是两个，一是自己的女儿生活是否幸福和开心；二是女婿是否尊重他们。当女婿能够疼爱他们的女儿，岳父母就会认为，这是对他们最大的尊重，而女婿能够去尊重他们，他们也知道，这是源于对他们女儿的爱，所以，这两个基本利益是一体的。另外，女婿能够心里有岳父、岳母，节假日的时候多去问候和看望对于老人来说就是莫大的安慰和幸福。

无论是儿媳与公婆的关系还是女婿与岳父母的关系，家族关系像一张网，这个网交织在一起，就是三层关系的互动。公婆怎么对待儿媳，岳父、岳母又如何对待女婿？男人在自己的父母和妻子之间如何协调这个关系？女人怎么在自己的父母和丈夫之间协调这个关系？所以，这些关系就是一张网，彼此相互影响，好的关系互相受益，不好的关系相互伤害。

每个人的生活离不开关系，人终究是要生活在关系里，并且这个关系我们往上体验之后还会往下体验，我们体验了儿媳，我们将来也会体验当婆婆，我们体验了自己是女婿，将来有一天自己也可能去体验成为岳父。

我们给出去的，到最后都会再一次回到自己的生命里，为了自己，为了爱人，为了孩子，也为了家庭的幸福，更应该好好地去感恩和善待我们的公婆，善待和感恩我们的岳父母。

家风好，才有真正的幸福

家是温暖的地方，因为那里有自己最爱的人和最爱自己的人，家是给每个人遮风挡雨的地方，是下班之后休憩的温暖港湾，更是一个强大的精神子宫，在这里不仅是孩子，所有的家人都会在家庭文化和家庭氛围的熏陶之下，让生命变得更加完美。

一个好的家庭离不开家风的建设。说到家风，大家可能会觉得是老话了，是传统时代爷爷那辈人的提法。认为现代家庭格局形式发生了变化，生活方式也发生了变化，似乎认为不需要家风了。而事实则不然，前一段时间中央电视台推出了纪录片《家风》，大力弘扬家风建设的重要性，倡导家族的传统风尚是我们每个人的行为准则。

家风，就是家庭里的文化。家文化承载着一个人的身心灵，如果一个家只负责让你饿了吃饭，冷了穿衣，困了回家休息，却没有颐养你精神的东西，将是一大缺憾。一个人活着就应该有一种精神的风范，有一种文化的素养，这个文化和你的文凭没有多大的关系，而是和你做人的标准、你人生的方向有关。所以，家风与家里的每个人息息相关，老人要宣扬家风，父母要示范家风，夫妻要掌舵家风，子女要继承家风。家风也是对孩子价值观和人生方向的引导和教育。

但现实是，每个家庭非常关注孩子的技能和学习水平，花钱报才艺班、辅导班，却很少注重家风的教育，家风能让一个孩子精神世界更加丰富多彩，外在的才艺是社会给的，而精神世界却需要家庭去培植的。

大家可能会说，家风有什么用呢？看不到摸不着的，考大学能用得上吗？考公务员能用得上吗？家风的确是看不到摸不着的一种精神文化状态，但往往有家教的人在外面待人接物是一个样子，没有家教的则是另外一个样子。

《家风》纪录片里面介绍了《曾国藩家书》和《颜氏家训》。曾国藩是晚清重臣，他权倾满朝，但他却一直在不间断地给家人写信。这些家书影响了很多代人，直到现在，在曾国藩的故居，当地孩子们依然开设塑造人格的课程，去感受曾国藩家风的魅力。曾国藩对子孙后代的教育成了世人的楷模和榜样。曾国藩的家书写得特别实用，还很有操作性。他说的很简单，就是让家人一定要早起，不能睡懒觉，做事要持之以恒。另外让所有的晚辈们要坚持读书，并且他自己一直身体力行，手不释卷，就在去世前一天还在读书，他自己的藏书就有30多万册。曾国藩家风就这么一代一代传承，其后代一直在这样的家风熏染下，人才辈出，他的儿子曾纪泽，是清朝著名的外交家，曾经为了收复伊犁立下了汗马功劳；他的另一个儿子曾纪鸿是一位非常有名的数学家；他的孙辈曾广钧，也是非常有名的学者；他的四代孙曾约农是著名的教育家和大学校长。

《颜氏家训》的核心是要孝敬长辈，所有的这一切慢慢地一代一代传承，就变成了孩子们最宝贵的精神财富，指导孩子们的一生。我真心觉得，这个可真比给孩子留钱、留房子，找一个好工作要重要得多。

家风最好能形成文字，比如写成文字挂在墙上，由长辈带领子女们一起诵读。过年过节的时候全家人一起诵读，形成一种仪式感。记得小时候，爷爷是村里的秀才，基本上在春节的时候，爷爷包揽了全村的对联。我母亲对爷爷非常孝敬，甚至比我父亲对待爷爷还要好，所以爷爷给了自己儿媳妇这么一份真诚的确认——给母亲写下了"贤孝女英"的称号。我母亲从来没有说过"你看我做得多好"！但是我和姐姐们都默默把母亲对长辈的孝敬都印刻在了心里。母亲在姐姐们出嫁的时候说过："咱家有一个家风，必须孝敬公婆，嫁过去要尊重公婆，不能由着性子来"。在我看来，母亲的话就是我们家的精神嫁妆。从小父亲告诉我们，一要读书，二要锻炼身体。这种朴素的家风也成了我们最宝贵的财富。

家风之所以重要，是因为哪怕祖辈百年之后，那份精神和爱还在指导着后辈子孙。所以，重视家风，重视家教，家风好才容易获得真正的幸福。

第 2 块幸福拼图
智慧父母高阶进修

原生家庭影响亲子教育

在我们"智慧父母进修营"中，凡是能够来到这里的家长们，都是非常有爱、有责任心的父母，他们希望通过自己的学习，让自己成为一个智慧的父母，能够把自己的孩子培养成一个天性绽放、优秀的孩子。

教育孩子是一个系统工程，它绝非一蹴而就的一个技巧，一个方法，或者是一种阶段性的行为。在这个世上，没有比生命更加珍贵和复杂的事情，每一位父母在养育孩子的过程中都有很多自己的感受和心路历程，甚至说父母在养育孩子的过程中五味杂陈也不为过。

一般来学习的父母会有三种情况，一种是觉得教育力不从心，带着问题来寻求帮助。这种父母往往会觉得孩子不省心、不听话，自己费力不讨好，和孩子的关系还处得十分糟糕。另一种是有不少父母认识到自己用错误的教育方法伤害了孩子，产生了深深的内疚和不安，不知道该如何修正自己的教育方法来弥补孩子。还有一种是无助的父母，他们认为自己什么事情都能搞定，却在教育孩子上十分无力，觉得怎么做都不对，不知道正确的方向是什么。

无论是哪一种情况，如果在教育孩子上没有感觉到轻松、快乐，觉得有价值，这就说明我们走的方向是错的。养孩子称为"天伦之乐"，既然有乐，说明就是享受和让人感觉美好的，内心也会觉得是轻松和喜悦的，而不是费力和疲惫，会感受到更多的爱与关心。如果内心觉得煎熬与痛苦时，说明方向是错误的。

另外，很多父母发现孩子如果学习习惯不好、专注力差、迷恋手机游戏、缺乏自律性、没有时间观念、不好沟通、不听话等，只是想去修正孩子，从未想过改变自己。事实上，孩子出现任何在父母眼中看作是"问题"的状态，都是一个果，我们要去找因。当我们面对孩子的状况，要知道凡事必有因，孩子这个状况的背后一定有造成这个状况的原因。

教育孩子是一个生命影响另外一个生命的过程，父母对孩子有着非常大的影响。当你是孩子时，如果你的父母专断、不理解人、固执又老旧，还喜欢摆家长作风，你暗下决心长大以后绝不会成为这样的父母，可是等到你当了父母后却不自觉地变成了自己父母的样子，那是因为原生家庭在孩子成长的关键时期播下了种子，潜移默化把父母的样子和处事方法刻在孩子的身上，最终奠定了一个孩子的性格，并且形成了他的信念系统或者价值观。如果在原生家庭你是一个不具备安全感的孩子，那么等到当了父母你也同样会是一个安全感不够的父母，对孩子就会有担忧、害怕，于是，我们就继承了原生家庭这样的一种表达方式：认为爱孩子就要担忧他，如果你不担忧一个人，说明你不在乎他。这就是原生家庭对我们的影响，后来我们就抱持着这样的一种爱的表达和认知来对待自己的孩子，越爱他，就越担忧他。

当父母找到了自己原生家庭给予的价值观以后，对的沿袭，错的改掉，给孩子呈现积极正念的力量。你是自卑的，孩子就是自卑的；你是乐观的，孩子肯定也是乐观的；你是阴郁的，孩子也是阴郁的；你是阳光的，孩子也是阳光的，生命的真相就是如此。孩子如同我们生命的复印件，父母是原件，复印件出了错，只能改原件，我们想让孩子发生转变，父母必须先改变，原生家庭对我们的影响时时刻刻都在发生，你一直活在原生家庭对你的影响模式里，我们把这个模式也传承给了自己的孩子。所以，有"幸福的人用童年疗愈一生，不幸的人用一生疗愈童年"的说法。如果你在原生家庭获得的幸福和快乐是正向积极的回馈，那么即使生活中遇到了风雨挫折，童年那份美好就是护身符。相反，如果原生家庭教育有问题，这会影响孩子的一生。

养孩子是找回自己的过程

孩子的诞生也是父母的诞生——养孩子的过程就是父母不断找回和重塑自己的过程。

海桑在他的诗《一个小小孩》里这样说：

一个小小孩，如果他干干净净
衣帽整齐，如果他规规矩矩
这可并非一件多好的事
如果他一开口
便是叔叔阿姨好再见你好
如果他四岁就能让梨
这又有什么意义
一个小小孩，应该是满地乱滚
满街疯跑，脸和小手都脏兮兮的
还应该有点坏，有点不听话
他应该长时间玩着毫无目的的游戏
他是一只自私、可爱又残酷的小动物
他来到世上，是为了教育我们
让我们得以再一次生长
而不是朽坏下去。

这诗说得多好，孩子之所以降生在一个家庭里，是带着使命来的。他的到来不是来扮演完美小孩，而是因为缘分选择了谁做他的父母。让原本无牵无挂、无所畏惧的两个人，开始正视生命的意义，正视养育的价值，得以再一次成长，而不是朽坏下去。

当我们看着眼前的孩子一天天长大，不仅仅参与一个生命从诞生到成长的过程，更是回溯自己成长的过程，知道自己生命成长的历程，见证一个生命不断向前的奇迹。

为人父母不应该自负，而要真实。"父母"不是一个职称，或者一种权力，不能高高在上地对孩子说，"我是你爸（妈），你要听我的"。不是父母的话就一定要听，而是要听正确的话，这才能给孩子塑造正确的价值观和人生观。当我们以父母的身份显示一种权威、一种资格时，等于失掉了最真实的自己。

所以，我们养育孩子，实际上就是成为最好的自己的过程。我经常对女儿说"孩子你不需要为妈妈成为最好的孩子"。父母养孩子的过程也是提升自己修为的过程，没有孩子，可能我们没有机会把自己看得这么深刻、这么完整，借由养育孩子，我们有机会觉察自己的生命，孩子是我们的一面镜子，透过养育孩子，我们就能把自己看得很清楚，让我们有机会不断地去成长，终究有一天，成为最好的自己。

不把太多的期望放在孩子身上，而是放在自己身上，这才是真正负责任的父母应该有的认知，也是成长型思维父母应该有的态度。

允许孩子做自己

纪伯伦在其诗《你的儿女其实不是你的》里有这样一段描述:

你的儿女,其实不是你的儿女,
他们是生命对于自身渴望而诞生的孩子。
他们借助你来到这世界,却非因你而来,
他们在你身旁,却并不属于你。
你可以给予他们的是你的爱,却不是你的想法,
因为他们有自己的思想。
你可以庇护的是他们的身体,却不是他们的灵魂,
因为他们的灵魂属于明天,属于你做梦也无法到达的明天。
你可以拼尽全力,变得像他们一样,
却不要让他们变得和你一样,
因为生命不会后退,也不在过去停留。
你是弓,儿女是从你那里射出的箭。
弓箭手望着未来之路上的箭靶,
他用尽力气将你拉开,使他的箭射得又快又远。
怀着快乐的心情,在弓箭手的手中弯曲吧,
因为他爱一路飞翔的箭,也爱无比稳定的弓。

诗人的境界,正是我们普通父母需要不断去提升和成长努力达到的

境界，如果我们能够意识到孩子只是借由我们而来，但他是他自己的时候，我们对孩子就会生出敬畏心。

尊重孩子的自我意识，孩子自我意识越强，孩子就越想自己做主，如果家长对孩子限制和掌控，让他必须活成自己想要的样子，孩子才会变成父母认为的"不听话""叛逆"。如果父母少些限制和掌控，多些接纳，就不会对孩子附加太多条件，就会允许孩子有脾气、有性格。我们常见的那些有趣的成人往往都是特立独行的人，如果孩子从小必须按照父母期望的样子去活，他又如何能够成长为一个独特的人呢？

我们在"家庭幸福导师课程"上采访过不少父母，问他们希望孩子是什么样子？答案惊人的相似，大部分父母希望孩子既聪明又听话。这其实很矛盾，聪明的孩子往往有自己的主见，表现出来的就不太听话；反过来，太过听话的孩子往往凡事不敢自己做主，又怎么能够聪明？

可是父母们多希望自己的孩子又聪明，又主动学习，又听话，父母让干啥就干啥——天下的父母都希望自己的孩子是这样的，但生命是独一无二的！

如果允许孩子天性绽放，就是让树成为树，让花成为花，这个时候你会发现，孩子这朵开在父母这棵树上的花，是独一无二的。但大部分父母总想让孩子成为该成为的样子，而不是让孩子成为他应有的样子。每个孩子很独特，有的生性开朗，有的内向敏感；有的爱说爱笑，有的喜欢安静；有的反应迅速，有的慢慢悠悠，这一切其实都好，都是最真实美好的状态。

所以，父母要学会接纳孩子，无条件地去支持孩子，生命不存在比较。我们说尊重生命，不是说对他友善，高看他一眼，而是允许他做自己，父母要懂孩子，接纳孩子，爱和相信孩子。

把孩子视为独立的个体，父母就会少很多自以为是，会静下心来学习提升自己的教育能力，以期拥有和孩子共同成长的能力。而不是天天眼里看到的全是孩子的错，而很少想到自己教育能力不够。

如果把孩子视为独立的个体，那么父母就会用发展的眼光看待孩子，会明白当下孩子的问题或许是孩子在某个年龄段该有的特征，而不是发现孩子一有问题就否定孩子这个人，给孩子贴什么"不懂事""不听话""不上进"的标签。

如果把孩子视为独立的个体，那么父母就会拥有共情能力，孩子有进步时能够用欣赏的眼光来对待，孩子遭到挫折则能够给予强大的支持和帮助，而不是走向要么溺爱，要么打击的两个极端。

有了这种心态和价值认知的父母，在生活中对待孩子的方式也就与别的父母有很大不同。

第一，他们会与孩子真诚交流，而不会说"他懂什么""你只是个孩子"，遇到孩子犯了错也不会用"他只是个孩子"当借口来庇护，而是会给其分析这件事的利与弊，让孩子学会承担符合他年龄的责任。

第二，在孩子面前保持真实的态度，不以家长为大而自居，跟孩子说真话，从小让孩子明白真实的东西最动人。

第三，父母在陪伴孩子长大的过程中难免会犯错，因为没有完美的父母，犯了错要能勇敢对孩子说对不起，让孩子知道人人都会犯错，犯错很平凡，选择原谅才了不起。同样的道理，允许孩子犯错，同时正确引导孩子，让孩子在错误中学习。

当父母开始站在孩子的视角来看待问题，尊重他的意愿，理解他的感受，分清和面对自己的焦虑，学会在平等的关系中与孩子相处；信任他，尊重他的隐私，分清自己和孩子的需求，努力把握好边界，孩子才能身心健康地成长，活出一个精彩的人生。

天下所有的爱都是为了在一起，唯有父母的爱是为了分离。如果你还没有做到，请让你的孩子变成一个真正意义上的人，认真对待这个独立的生命个体。

生命最重要的确认来自父母

印度有个习俗，如果新生儿降生了，父亲会抱着孩子，在他的耳朵边说，"孩子，欢迎你来到这个世界上，你是最宝贵的生命，你是父母最爱的孩子，你会拥有最成功、最幸福的人生"。这个习俗的宝贵之处在于，当一个生命体刚刚降生，他就感知到自己是受欢迎的、被接纳的。

父母对孩子的确认，是孩子生命最重要的底色。如果父母对他的认知是正向的，那孩子一生都会把自己这种特质活出来，相反，如果父母对孩子的确认是负面的，孩子终其一生都会受到这份负面确认的影响。

什么是负面的确认呢？比如，言语上的打击和比较。对别人家的孩子赞誉有加，对自己的孩子就是各种打击。如"你看隔壁家的孩子多省心，看看你""我怎么就生了你""一点儿也不像我，这么不让人省心"……这样的话孩子听多了会十分受伤。

如果父母对孩子总是进行负面确认，孩子会渐渐认同了这种确认，从而完全失去了自己的内在力量，他会对自己说"父母是对的，我的确很差，他们给了我生命都认为我是这样，我一定是最差的"。从此这个孩子就接过了父母对自己的负面确认，把它当成了一种自我认知，活在懦弱、受害、自卑的状态里。

除了言语打击之外，还有一种负面确认是忽视。比如，不少父母忙于事业或其他原因无法陪伴孩子，把孩子扔给父母之外的人抚养，与孩子没有建立起真正的连接，在孩子的整个成长过程中父母是缺席的，如此孩子对父母的感觉是空白和模糊的。孩子有了心事无处诉说，有了开心的事也没人可以分享，渐渐他会关起自己的心门，会有一种深深的无价值感，觉得自己是被忽略的，没有什么存在的意义。所以有不少父母觉得孩子"一副无所谓的表情""对什么都提不起兴趣"，就是因为从小缺失父母的陪伴，等到父母想再来与孩子连接的时候，他已经找不到那种感觉了。

还有一种负面确认可以理解为带条件的确认。比如，孩子成绩好了才表扬，做的事情漂亮父母会有补偿和奖励，这样的表扬和确认里带着很大的功利性，孩子会有很大的压力，他会觉得只有自己做对、做好才能得到父母的认可，如果做不对就不会被认可。那么孩子依然会陷在低价值感里，他得到的爱并不是因为本身值得被爱，而是他的成绩好或做事好才会被爱。长此以往，孩子会变得虚荣、好表现，希望得到别人夸奖，会陷入一种期望的陷阱中。

父母对孩子正向的确认，就是让孩子意识到他作为一个人，理应受到赞赏，我们赞美和认同孩子的意义是允许他们生活在最真实的自我当中，而不必陷入我们期望的陷阱中。也就是说，即便孩子什么也不做，什么也不去证明，没有达到任何目标，或创下什么好成绩，我们依然能够为孩子存在本身而感觉到沉醉和欣喜，这种确认就叫作生命本质的确认。

无论孩子表现如何，孩子的本质都是纯洁而充满爱意的，当我们看到这个本质并尊重孩子这种本质的时候，孩子就会相信原来父母理解他们的内心世界，相信他们是美好并且是有价值的人。

如果父母能够给予孩子正向的确认，让孩子感受到爱与尊重，信任与接纳，那么就会内化成孩子强大的能量，不管在未来遇到什么都会去用积极的状态应对。所以，生命最核心的确认来自父母，正向的确认产生正向的力量，负面的确认产生负面的影响，作为父母切不可大意。

孩子会成为父母评价的样子

教育学家蒙台梭利说过：儿童不会自己判断自己，他是以别人对他的态度来判断自己的。因此对孩子来说，自我判断的基础首先来自父母对自己的评价，无论是表扬还是批评，父母的语言中含有能量，能鼓舞一个孩子也能打击一个孩子。

绘本《爱德华——世界上最恐怖的男孩》中，主人公爱德华是一个调皮的小男孩，他喜欢踢东西，父母评价他说："爱德华，你很粗鲁，老是乱踢东西。"从那天起，爱德华就变得越来越粗鲁。他在家制造噪音，父母评价他说："你太吵了，你是世界上最吵的男孩。"从那天起，爱德华变得越来越吵闹。爱德华有时会欺负小朋友，会捉弄动物，会把房间弄得很乱。每次出现这些情况时父母都是说："爱德华你是世界上最恶劣、最没有爱心、最脏乱的男孩。"父母经常指责他，渐渐地爱德华变得越来越粗鲁、吵闹、恶劣、没爱心、脏乱，以前那个阳光、善良的小男孩不见了。父母用负面的评价把一个成长中的孩子变成了糟糕的孩子。

后来，爱德华父母改用鼓励和赞美的语言来评价他，情况完全变了。爱德华喜欢踢东西，有一天他踢飞了一个花盆，父母说："爱德华，我看见你种的花，长得很可爱，你应该多种一些植物啊。"从此爱德华喜欢上了种花，越种越好，连隔壁邻居都来请教他。爱德华把房间弄得很乱，把衣服都丢在窗外，这些东西恰好掉在一辆车上，车上的东西都是要捐给穷人的。父母说："爱德华，谢谢你捐出这么多东西，你真是一个善良的孩子。"那天起，爱德华经常捐赠旧衣物、书籍给穷人。爱德华有时还会有点不爱干净、粗鲁、邋遢，但父母不再恶语相向，他们总说爱德华是世界上最可爱的男孩，虽然他有很多缺点但他也有很多优点，父母选择放大爱德华的优点、包容他的缺点。慢慢地，爱德华真的成为世界上最可爱的男孩子。

可见，父母是带着正能量教育孩子还是带着负能量教育孩子，对孩子的成长有很大的影响力。

每个孩子降生到某个家庭理应得到瞩目与欣赏，在我的"家庭幸福咨询师技能与操练"课上，我曾经带着学员做过一个体验，让每个成人学员去体验自己就像胎儿从母亲产道中分娩而出的时刻。这个产道是其他的学员一起来搭建的，当体验者忽然间在一种类似于冥想体验里面，被引导着奔着自己生命的通道，他非常费力地从生命的通道被分娩而出的时候，扮演爸爸、妈妈的人就会在这个生命通道的那一端去迎接着他，因为在那个过程里我们有一种设计，就是让体验者知道其实这个出生并不是那么容易，他真的要费尽自己所有的气力才能让自己顺利地诞出，当他出生的第一时间，"妈妈"和"爸爸"就抱住了他，如果是一个男孩，父母就会对他说："孩子，你是我们最渴望的男孩，你是一个最美好的生命，欢迎你来到这个世界！爸爸、妈妈爱你！爸爸、妈妈将会用自己无条件的爱去守护你的一生。这是你的世界，也是你的游乐场，开始你的生命冒险和创造吧！"如果是一个女孩，父母就会说："亲爱的宝贝，你是我们最渴望的那个女儿，你就是我们内心最珍贵的小公主，欢迎你来到这个世界上，爸爸、妈妈爱你！"

做这个体验的时候，体验的学员都会被感动得号啕大哭，即使是男学员，都不能够抑制住自己的情感。为什么？因为我们每一个人，都太渴求得到一份欢迎。我也帮助过很多怀孕的学员家人，我说等到孩子出生时，你一定要一遍一遍跟他说这个话，当然在怀孕的时候，你也可以一直去跟孩子说这段话。因为这样的话，孩子会记住自己的生命本质，他知道他是多么完美和珍贵，所以这个确认，真的太重要了。而且父母越是这样确认，孩子越能成长得顺利而充满爱意。

父母是孩子底层认知的输入者，你怎么去说孩子，孩子就会接过父母的说辞，形成他的自我认知，父母塑造了孩子的底层，即使后天再怎么变化，都无法改变或渗透底色的影响。

父母说的话对孩子影响足够深远，孩子的第一启蒙者是父母。父母说孩子是什么，孩子就会认定自己是什么，然后朝着这个方向去成长。父母的语言能量一旦输入了孩子的思想，就很难改变。

所以，朝着你希望孩子成为的样子去塑造孩子，多说让孩子产生正能量的话，少说负能量的话。

往上连接父母，往下连接孩子

性格决定命运，那么性格又是怎样养成的呢？很显然，性格的养成来自原生家庭的教养。生命是父母共同缔造的，所以每个生命既有男性的能量又有女性的能量。男性的能量是阳刚的力量，表现为勇敢、创造、征服、担当、敢于冒险；另一半能量来自母亲，母亲的能量是阴柔的能量，表现为理解、包容、温暖、体贴、耐心、孕育、承载。

父母给孩子的是生命的底色，如果在其从小到大成长的过程里，父母再给孩子正向确认，孩子就越发地意识到自己是完美的、自己是有力量的、自己是有爱的，当孩子不断地在自己的认知层面确认自己时，就很容易在行为层面也表达出来。所以，当我们看到孩子不够勇敢、不够自信时，你只是去修正他的行为，这个是没有作用的。比如，一个孩子做作业缺乏耐心,你掐着手表让他一个小时或两个小时写完,以此来训练他的耐心,孩子基本做不到。因为那是在他的认知方面,他内在不认为自己是自信的,他也不认为自己是美好的。这样的孩子,你想通过训练他的肢体语言、神态等以期让他自信,往往孩子做不到,因为父母没有办法让他的自信从内散发出来。

一个家庭夫妻关系是连接纽带,往上连接父母,往下连接孩子,这样才形成一个生命的完整溯源。如果发现孩子教育有了问题先找自己的原因,如果自己有了问题再往上找找原生家庭的原因,这才是根源。

所以我经常在公益课程里强调说,家长教育孩子真的不要头疼医头,脚疼医脚,这样无济于事,你会发现这个问题解决了,也会有其他类似的问题层出不穷,就是不能够根治。

父亲需要信任、欣赏和推崇

男人生来有英雄主义情结,男性的这个特质就是阳刚、生发、创造、冒险的代名词。所以有句话叫作"男人为绶带勋章(荣誉)而死",所以男人极要面子,非常希望能够得到尊敬和推崇,希望自己像英雄一样载誉归来,别人都夹道欢迎,给英雄最高的荣誉。每当这个时候,男人付出一切都觉得值得,他要的就是被尊敬、认同和欣赏,所以这是男性骨子里的特质。

所以对待男性,就应该相信他、欣赏他和推崇他。但大部分孩子跟母亲更亲近,对父亲有一种疏远感,有的父亲太强势会让孩子不敢接近,也有一部分父亲因为忙于生计或事业常年不在孩子身边陪伴造成孩子对父亲的感觉不是十分亲密。

分享一个我自己的体验：

我父亲过七十大寿的时候，我们姐妹四个给父亲订酒店、蛋糕，从头到脚买新衣服，姐妹四个也从不同的城市聚到了父母的身边，非常用心帮父亲张罗了一个很隆重的寿宴，觉得作为孩子我们表达得挺到位的，我们以为给父亲过了一个非常好的寿宴。没曾想母亲后来对我们说，父亲生日那天并不快乐。我们很纳闷以为哪里做得不好，不周全，或是不隆重。结果我妈说，其实父亲要的根本不是宴席，也不是礼物，而是他很想知道女儿们对自己这个做父亲的有什么样的评价？对他这个父亲还满意吗？

那一刻我懂了，父亲内心真正渴望的是女儿们对父亲的认可和推崇，父亲希望得到女儿们的回应。而我们只顾着给父亲礼物和办寿宴，却忽略了父亲内心的需求。所以，连接自己父亲的能量，我们就应该经常对自己的父亲表达欣赏，比如，常对父亲讲："爸，您这一辈子真的很了不起，我们真的非常非常感谢您！您是我们家里最重要的人！"

对于父亲的信任、欣赏和推崇也是建立父亲在家的权威感，父亲作为力量型的代表，如同家里的一道屏障可以为家庭遮风挡雨，所以，我们要通过信任和欣赏给予父亲，同时也是给予自己力量。

母亲需要理解、关爱和尊敬

当年一首《懂你》红遍大江南北，就是因为歌词中那种对母亲的真情流露打动了无数的人：

一年一年风霜遮盖了笑颜

你寂寞的心有谁还能够体会

是不是春花秋月无情

春去秋来你的爱已无声

把爱全给了我把世界给了我

从此不知你心中苦与乐

多想靠近你

告诉你我其实一直都懂你

女人一辈子为家庭、为儿女在付出，她不求大富大贵，但却十分渴望有人能懂她，女人不怕吃苦、不怕付出、也不怕牺牲，但最怕的就是没有人懂她，没人理解她，那个时候她就会觉得很委屈、很孤独，所以我们对待自己的母亲，永远记得要理解她。

比如，母亲爱唠叨和抱怨，我们大可不必去指责母亲那么负能量，而是要去深层挖掘母亲内心真实的需求，她有抱怨和唠叨只是希望引起别人的重视，只要我们说句："妈，您辛苦了，一天到晚忙忙碌碌不容易，我们懂您，理解您，如果觉得苦就骂骂我们好了。"相信无论多么负能量的母亲听到儿女这么说，都会觉得十分受用，委屈自动就消散了。

理解的背后代表着关爱和尊敬，无论我们的母亲是什么样的性格特质，我们都要发自内心去尊敬和关爱她。当我们越尊敬自己母亲的时候，母亲就会变得越温柔，越放松；当我们越尊敬自己的母亲，母亲就会变得越高贵。

很多孩子进入学校，到了青春期，他的人际关系就会凸显出他和母亲的连接。如果一个孩子总是和别人不能搞好关系，他也不相信同学是有爱的，那么这个时候，不用问，一定是在妈妈的身上没有得到这份爱的连接。

在连接母爱的过程中，有不少人发现很难，有的觉得母亲脾气暴躁，也有的觉得母亲对弟弟、妹妹偏心，对母亲心存怨言，甚至有人觉得母亲自私、刻薄，没有爱。事实上，每一个母亲都有爱，只是各自对孩子爱的方式不一样，母爱是付出与奉献的代表。从孩子出生到成长，当女子成为母亲时就从一朵花变成了一棵树，从受父母呵护的宝贝女儿变成了需要为儿女遮风挡雨的依靠。更多的时候母爱的付出是无声的，不被人重视的。所以，为人子女要懂得感恩母亲的付出与奉献，然后学会将这种付出与爱传给自己的孩子，这是爱的传承与责任。

当我们学会了与父母建立了正确的连接，那么身为父亲就能够给予孩子力量，身为母亲，应该不断给孩子注入爱，这才是我们给孩子人生最宝贵的财富。我们传承给孩子一笔生命的财富，这个财富不是给孩子买的房子、车子，不是给孩子的存款，铺的人生路，而是给到孩子力量和爱。因为当孩子有爱、有力量时，孩子所有美好的内在特质就会迸发出来，他会创造出属于他的美好生活。

父母不幸福，孩子很难幸福

我在家庭教育亲子关系培训工作中，惊讶地发现一个规律：父母不幸福，孩子就会取消自己幸福的资格。有一位女性，事业非常成功，家庭也很圆满。她说她有一个心结，她的母亲一辈子为家人付出，到了老年，觉得家人亏欠了自己，所以经常会抱怨。她说："其实我自己方方面面都已经很好了，很幸福，可是每次回家看到母亲的那种有怨气、痛苦的状态，就觉得如果我自己活得幸福了，是背叛了自己的母亲。"所以，现实中，她即使过着很好的生活，也做不到让自己完全敞开心去感受生活的

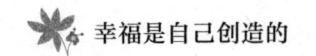

幸福。

如果一个母亲总是一遍遍地诉说自己的过往如何不容易、受了多少苦，那么孩子长大成人了，无论他有多么成功，内在都会觉得这一切都是因为母亲受苦、隐忍获得的，也就是说，自己人生成功的大厦是奠基在母亲一生的苦难之上的，所以只要自己有一点点内心轻松或过得好了就会内疚，就会想起母亲的苦难、母亲的忧伤，会觉得对不起母亲，潜意识里就觉得自己不能过得好，过得开心，否则就是背叛了自己的母亲。

父母的行为会形成家庭的习惯，比如，父母的饮食、生活的习惯都会传递给孩子。我们常说，不是一家人不进一家门，一家人的口味，行事作风都特别相像，因为父母的这些行为习惯容易传递给孩子，所以幸福也会成为一种习惯。一对乐观的父母，就会培养出乐观的孩子；一对消极悲观的父母，其消极悲观也很容易影响和感染自己的孩子。

孩子有忠诚于自己父母的情结，父母幸福孩子才会理所当然去享受幸福。身为父母要经常问问自己：希不希望孩子幸福？如果希望就要先让自己活得幸福。

父母幸福是给孩子最好的礼物

一个幸福家庭无形中会带给孩子三个美好的礼物。

第一份礼物是展示了生命的美好。我们给孩子最宝贵的就是生命，可是为什么很多孩子并不因此而感谢父母呢？甚至有的孩子在负气状态下会对父母说"谁让你生我了"？很多父母就会觉得孩子不懂事、不感恩。原因很简单，就是因为孩子并没有看到和见证到生命是美好的。

如果父母活得很幸福，经常会说，真的好感恩啊，真的太知足了！并且呈现出的状态也是那种圆满的、开心的、快乐的、喜悦的。孩子从小看着父母这样去绽放和呈现自己的生命，就感知到了生命的美好。当父母活得幸福，相当于给孩子做了榜样，孩子看着父母这样，自己就会坚定地相信生活原本就该如此。

父母幸福快乐是送给孩子的第二份礼物。当孩子越来越大，父母能够帮助孩子的地方就越来越少，他能打理自己的生活，学业上父母能支持的也越来越少，这个时候父母才会发现，不如在孩子很小的时候就教给他一些东西，奠定一些基础。这个基础就是父母要幸福快乐，如果父母营造出的生活状态是每天都高高兴兴的，身为孩子，即使隔着千山万水，都可以感应到。父母幸福充实就等于给孩子加油，哪怕孩子不在父母身边，听到父母声音是喜悦并充满能量的，孩子也就安心了。第一他不用牵肠挂肚，第二他听到父母快乐的声音，就能获得一些面对生活的信心和勇气。孩子会觉得家是能量、是港湾，家是给生命充电和休憩之所。孩子在这样的家庭环境中长大，进入社会以后会特别自信，他从心底觉得自己有强大的后盾和支持，这份确认给了一个孩子强大的生命底色。

父母幸福送给孩子的第三个礼物是帮助孩子养成幸福的习惯，让孩子在待人接物、解决问题等方面都能够选择从幸福的角度去出发，不管身处何地、身陷何事，面对任何事情里都能看到希望和可能性，因为一个幸福的人，永远关注问题的解决，而非关注问题本身。如果有这样的父母，潜移默化给孩子，孩子就能找到自己幸福的理由和用积极正向的思维去看待问题和解决问题。

当我们与人相处，对方就变成了幸福的人；我们去某个地方，某个地方就变成一个快乐的场所，幸福的习惯传承给孩子后，孩子也会成为一个具备幸福力的人。

父母要揭掉"受害者"标签

孩子最害怕听到父母说这样的话,比如,"我们之所以活得这么痛苦,都是因为你。""妈妈这么委屈,不都是因为考虑你吗?"这样一说,孩子就会很内疚,会被父母这种主动"牺牲"和"受害者形象"绑架。之前的孩子会觉得父母含辛茹苦,委屈隐忍都是因为自己,于是带着亏欠的心情想去弥补父母,努力想把自己变好去回报父母。而现在的孩子不一样,他们更有主见、更独立,当他们听到父母说"因为你才这样"的话时,他们会说:"请你们过好自己就行,不用牺牲自己来成全我,我怎样都好,你们只要开心就好。"表面上是现在的孩子变得"心硬"了,实际是他们有了更多的信心,不会活得那么麻烦与纠结,他们认为:你们用不着牺牲自己,我也不必领情,各自过好才是对彼此的支持。

这样的孩子不是没有爱,是他们的内在更有力量,他们知道每个生命都需要活出自己的完整性和美好,而不要成为别人的背负或纠缠。

如果爱孩子,千万不要给自己贴"牺牲者和付出者"的标签,这并不是对孩子的祝福,可能是诅咒。生活是怎样的状态都是自己创造出来的,我们不能把这个问题归咎于孩子头上。孩子毕竟是一个比我们小的生命,为什么我们不能承担的生活之重,要让孩子来替我们背负呢?

父母要认同自己,第一要给自己确认,爱自己,自己的生活无论什么状态都要有感知幸福和快乐的能力;第二要给孩子确认,爱孩子,无论孩子带给父母多少麻烦,都相信孩子是上天给我们的最好礼物,是缘分让孩子选择我们当他的父母。

接纳自己才能接纳孩子

为人父母都爱孩子，都希望孩子完美，所以当面对孩子的缺点和不足时，大部分的父母表现出的并不是接纳，而是企图去改变。

一个孩子天生完美还能叫孩子吗？缺陷的另一端也可能是优点，如鲁莽是一个缺点，代表做事不细致、马马虎虎、莽撞，但鲁莽里又包括勇敢、行动力强、不胆怯这些优点；如内向是一个缺点，但内向的人思维更缜密，做事更仔细，这又是一个优点。所以，世间万事万物没有绝对的错，也没有绝对的对，没有绝对的缺点，也没有绝对的优点，一转念成乾坤，孩子的优点还是缺点需要父母辩证去看。

父母想要改变孩子，远不如帮助孩子发现他自身具备的特质，发现自己的美好来得重要。父母如果把焦点都集中在孩子的缺点上，放大了这个缺点反而不利于缺点的改进，有时间多关注孩子的优点，反而会让其优点越来越突出。尤其有的父母总是用挑剔的眼光，负能量的言论去指责和打击孩子，让孩子觉得无论怎么做都是改不完的缺点，他就会失去变好的动力，有一种"反正你把我看得一无是处，我就破罐子破摔"的无所谓。

父母要用开放和动态的眼光去看待孩子的行为，因为生命是流动和不断发展的，一切都在改变之中。父母不能对孩子一纸封印，孩子在七八岁时的毛病和缺点可能到了十几岁就完全没有了，再或者孩子有其成长的规律和符合孩子年龄段的行为习惯。如果父母过早给予定义，既武断又不负责任，父母对孩子的言论既可能一语成谶，也可能成为美好的祝福。

当我们真正去接纳孩子的时候，也就是父母成长的时候，能够带着觉察放下当父母的自负和骄傲，不再把"父母"变成一种身份和权威，而是能够用更加平等的意识去对待孩子，实现真正意义上与孩子建立平等的连接。

孩子"太听话"会冻结他的核心能量

在我的学员中，经常听到做父母的问："怎么才能让小孩听话？"可见，对于我们中国的父母，骨子里生出来的家长权威就是想让孩子听话、服从。等孩子在家长的权威下学会了唯命是从，就会变得没有自我，没有主见。到了学校，如果老师依然让孩子做"听话的学生"，那么，将来走上社会的孩子敢特立独行吗？敢有自己的不同言论和主见吗？

一个十分听话的孩子，可能小时候表现得乖巧顺从，父母说什么他便做什么，大家会觉得这样的孩子懂事、省心。但是，慢慢长大后却变成了没有主见、失去创造力和思辨能力的人，而这些能力恰恰是一个孩子最核心的能量。

另外，大多数希望孩子听话的父母，他们以"过来人"自居，传递给孩子的东西往往依据的是过往的经验和教训，甚至会说"我吃过的盐比你喝过的水都多，我走过的桥比你走过的路都多，你听我的绝对错不了。"父母拥有这样的意识无可厚非，总希望孩子少走一些弯路，多听父母的话少吃点亏，但是却忽略了生命和生命本身不同，各自感受和接受某件事物的能力也不同。也许在父母看来是弯路的路，孩子走了还能学到经验。时代在变化，父母在自己那个年代学到的经验不一定适合新时代的孩子，经验也有有效期，不可能在任何一个年代都通用。

父母想要帮助和支持孩子，一定要与时俱进，如除了爱、勇敢、善良、慷慨、冒险、担当，这些生命永恒的特质，不受时代变迁影响外，有些生活的理念、生活的方式，伴随着时代的变化是需要更新的。说的话也要与时俱进，别开口闭口就说"想当年，我们的经验怎样怎样"，孩子是面向未来的，不要总拿那些老旧气息和陈旧能量的话来和孩子交流，应该和孩子探讨未来，共同学习当下最新的知识和经验。

父母想让孩子听话，反而冻结了孩子的源动力。要么孩子接收的是错误的指引，要么孩子会失去主动去想、去思考和琢磨的动力。很多家长会抱怨"孩子自己什么想法也没有"，不是孩子没有想法，是他还没有想法的时候就被满足了。

一个太听话的孩子，未来会趋向两个方向：一是孩子会变成一个永远长不大、事事依赖父母、毫无主见的人，即使参加了工作也没有个人观点和想法；二是从小听话的孩子，长大会有强烈的叛逆，从小没有自主力，长大会变得特别想尝试一次自我掌控的感觉，不管事情有没有风险都会去尝试，往往会为自己的任性买单。

做会说话的父母

父母会说话对于孩子是宝贵的财富，也是引领孩子成长的最好的方式。

会说话的父母，首先，说启发引导的话。比如，当孩子看到一个苹果，父母若说"苹果，圆的，红色"，这叫输入式标准答案，孩子还没有探寻就知道了答案，既刻板又固定。启发式的父母会引导孩子摸一摸、闻一闻、尝一尝，问孩子它像什么、是什么颜色的、感觉怎样等。即使父母知道答案也不能着急告诉孩子，让他自己琢磨一下，想一下，这是启动孩子思考机能的最好契机。

孩子在应对事情的时候，父母要问孩子"打算怎么办？""如何想的？""假如这件事失败了有没有应对办法？"等等，而不是开门见山给孩子支着。

其次，说授予责、权、利的话。比如，从小告诉孩子他有权利做什么，他的责任是什么，在这个责任里他要承担的后果是什么。把孩子要做某件事的前因后果都告诉孩子，让孩子自己做出选择，只有这样他才能够为自己的选择负责。越早给孩子授权，孩子越能掌控自己的人生。

再者，对孩子说一些建议类的话。父母提一些建议，让孩子有一个参照的角度。

最后，要讲表明态度和立场的话。尤其在父母与孩子之间产生一些分歧的时候，父母要保持自己的原则和底线，但不要带有情绪，这样孩子在处理与父母的关系时会变得更成熟、更圆融。

会说话的父母把孩子当朋友，父母没有高高在上的权威感，引导孩子发现自我，能和孩子像朋友一样聊某个话题，表现得既富情感又不苛求，孩子能够从父母的言语中汲取到力量与情感，同时能够教给孩子正确的说话方式和沟通技巧，这对孩子将来走上社会有非常大的帮助。

父母不相爱，孩子不会与人亲近

亲子关系源自夫妻关系，在家庭序列里，夫妻关系是基础，然后才是亲子关系。但是在中国家庭中，夫妻关系很大程度上都让位于亲子关系，有了孩子后夫妻之间相处的方式大部分建立在孩子身上；有了孩子之后，夫妻之间就不像过去那样亲密，过日子也成了亲情多于爱情，缺了浪漫与温情。在家庭中，如果夫妻之间的情感关系没有摆在正确的位置上，势必会影响亲子关系。

对孩子来讲，父母就是他的整个世界，是他生活的楷模。如果孩子经常看到父母间冲突，孩子会感到极大的不安与畏惧。父母送给孩子最好的礼物，就是父母相爱，这会影响孩子安全感的建立以及影响孩子社会化、人际关系等方面。

好的夫妻关系会帮助孩子顺利地实现性别认同，保持家庭成员之间的平衡与适度亲密，还会在孩子心里种下一颗叫作"幸福"的种子……有句意味深长的话是：对孩子最好的爱，就是爸爸爱妈妈。一个在夫妻关系并不圆满的家庭中成长的孩子，往往从他的脸上就可以看出郁郁寡欢。

我认为，不要让亲子关系超过了夫妻关系，不要因为过分爱孩子而忽略了自己的配偶。只有父母都爱孩子，但他们同时又深深相爱，他们不会因为爱孩子而忽略对对方的爱的时候，孩子就会慢慢懂得，尽管妈妈如此爱他，但爸爸才是妈妈最好的伴侣。

父母不相爱，往往有三种不和谐的关系：第一种，在关系中纠缠执着，也就是自己过不好也不让对方好的典型状态。比如，妻子总是不放心丈夫，对方只要不在自己视线里就进行"夺命 call"；要不就是各种疑神疑鬼，让对方苦不堪言。这种关系丈夫一般会有被绑架的感觉，生活会过得十分疲惫。第二种，逃避和冷漠。明明是夫妻却形同陌路，彼此不坦露心声，双方也很难走到对方心里，又或者不管一方付出了多少真情，对方总是没有回应。第三种，把伤害和被伤害当成爱。比如，家庭中的冷暴力，包括肢体暴力、语言暴力、情绪暴力等。一般多表现在男性容易实施肢体暴力，女性容易使用挖苦、打击等语言暴力。

父母相爱有两个层次：第一个层次，父母爱自己，父母不需要给孩子太多的技能技巧和生存教育，父母要用"爱"成为孩子的生命导师，给孩子最棒的教育就是爱的教育。一个孩子，在父母身上学会的最重要的功课就是要他学会爱自己。

第二个层次，爱对方。在婚姻里，彼此以妻子和丈夫的身份爱对方，如果离婚了，彼此以孩子的父亲和孩子的母亲身份去爱对方。虽然离婚后的爱不是男女之情的爱，表现的却是一种理解和支持，让孩子知道爸妈虽然离婚了，但还是相互理解、相互支持的。

父母相爱也许不太容易，但要在婚姻里保持永远能爱上彼此，需要不断发现对方的优点。年轻的时候欣赏对方的激情和甜美，中年的时候欣赏他的稳重大气和温柔体贴，老年的时候欣赏他的智慧洒脱和温暖和善，而不是用放大镜来找彼此的缺点。

当孩子看到父母相爱的样子，他就奠定了爱的基础，拥有了爱的能力。父母的相处模式正是他将来走上社会与别人的相处的模式。

如何引导各个阶段的孩子

有句话说得好：养孩子如同牵着蜗牛慢慢散步。父母想快是不可能的，孩子有他自己的节奏。所以，在养育孩子的各个阶段有不同的风景，父母应该把每个阶段视为亲子情感和精神发展的机遇，那么就能与孩子建立起精神伙伴的关系。

孩子成长可以分为婴儿期、幼儿期、少年期和青年期。婴儿期是小宝宝阶段，幼儿期是指的上幼儿园阶段，少年期是指小学、初中阶段，青年期是从高中到大学这个阶段。

婴儿阶段。孩子作为一个小生命降生在家庭，父母要做的是给予无条件的爱。孩子完全活在自我生命状态里，想哭就哭，想笑就笑，他对自己的生命没有任何计划，他所有的发声和需求都在当下。由此会给父母带来很大的挑战，因为父母发现自己的那种按部就班的作息规律已经完全派不上用场。第一次做父母面临的挑战是被打乱生活节奏和规律，但这种挑战多数会被孩子的那种纯净化解，父母会带着无条件的爱去呵护这个小生命的诞生和成长。

幼儿时期。基本上是从三岁开始往上，这个时期小家伙有了探索世界的意识，他不太愿意一直在妈妈怀里，而是表现出了冒险家的特质——四处探寻。孩子充满好奇且精力旺盛，这个时候对父母的精力和体能都是一个巨大的挑战。当父母对孩子安全的担心变成一种焦虑时，就想去控制他，这个时候父母嘴里说得最多的话是"不可以""不行""再不听话就不管你了""你再这样妈妈生气了"……这个时候父母加大了控制，也不像以前那么有耐心。孩子可能因为冒险搞砸一些事情、破坏一些东西都是常有的事，但这是生命成长的必经之路，父母虽然会抓狂，但必须让这种冒险精神充分发挥出来才能奠定孩子将来的创造力。允许孩子好奇，因为探索的过程就是孩子生命力在发展和学习的过程。

在幼儿时候，家长要做的是"既温柔又坚定"，让孩子明白什么叫作规则、什么叫作秩序、什么叫作好的习惯。有的时候父母很尽职尽责，但表达偏负面，孩子做任何事情都要去纠正一下，"不要这样放""放得不平""这样画得不直""这个树不是这样的""衣服穿反了"……不要这样跟小朋友说话！不要总"这个不行""那个不能动""做错了""别砸了"！这一遍遍纠正，让孩子有一个最大的认知：自己不够好。很多孩子长大了不接纳自己、不自信，就是因为父母管得太多。孩子到了幼儿阶段，父母要开始让自己松一松手，锻炼孩子自己穿衣、吃饭，哪怕他搞得很脏、很乱，可能你需要花更多的时间去收拾，但你也要让他去干、去尝试。

少年阶段。孩子开始入学，他开始有了自己的朋友，开始进入社会的圈子。对孩子来说，他面对的不再是在原生家庭里纯粹的关系，他会在意同学和老师怎么看待他，孩子会有压力和焦虑。加上身体开始发育渐渐向青春期迈进，身体和心智一起在成熟，所以开始拥有自我意识，希望能够自己做主，有自己选择的权利。在少年期，父母会觉得孩子跟自己不那么亲了，事实上，孩子并不是刻意疏远父母，而是他更愿意去建造自己的个人世界，他会有心事和秘密，也有自己不愿意告诉父母的疑惑。青春期孩子所有情绪点的爆发，就是因为他没有得到家长的理解和支持。

这个阶段孩子觉得自己长大了，而父母还老想去摸摸他的头，整理整理他的衣服，问他吃得怎么样？你会发现孩子会很不耐烦地拒绝这些行为！父母会疑惑我的那个小可爱去哪儿了？为什么现在他表现得对我们不屑一顾，甚至是好像还有一些不够尊重。不要怪孩子，因为这个时候孩子对我们的需求已经上升了一个等级，我们教育孩子的方式和理念认知也要升级了。

青年期,也就是高中到大学这个阶段。这个阶段的孩子跟成年人一样了,他经历了自己的少年期,度过了自己的迷惑期,到了高中和大学孩子变得更加坚定有方向,这个时候也是展现家庭教育成果的时候。如果教育良好,这个时期的孩子会表现得懂事明理,成为父母的骄傲和荣耀。如果青年期发现孩子表现出叛逆,父母要向孩子说明缘由,相信、接纳和支持孩子,要当孩子坚强的后盾。即使孩子做了一些错误的决定或犯了什么过错,也不能太过于武断,要把孩子当作朋友看,而不是处处想去替他做主,这反而会成为一种变相的控制。

在这个阶段,当父母能够完全信任孩子,把孩子交还给他自己,这时父母也就成长为合格的父母了。

父母如何化解情绪失控

有位妈妈说,自从有了孩子自己说话的声音分贝也提高了好几个度,而且动不动就想吼叫,变成了一个彻头彻尾情绪失控的人。所以,如何化解父母在教育孩子时的情绪失控,成了当下父母最本质的需求。父母在教育孩子时,有时孩子不听话、任性,甚至是叛逆,父母很容易情绪失控,要么冲着孩子大吼大叫,要么觉得自己十分无能。虽然很多时候孩子会受到父母大吼大叫的威慑,但内心却从来不认为父母这样做是对的,反而认为父母强势、不讲理,孩子打心眼里并不服气。父母也很委屈:但凡有点办法,谁愿意把自己逼成大喊大叫的疯子?不少父母陷入了恶性循环,情绪来了吼,吼完了后悔,下次继续变本加厉地吼。所以,我们有必要聊聊

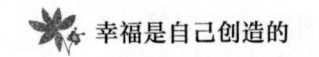

父母如何化解情绪失控这个话题。

化解情绪控制一般有五个步骤：

第一步，觉察情绪。所谓觉察就是自问，为什么我愤怒了？为什么情绪失控？孩子触动了我哪个情绪按钮？当自问开始时就意味着自己已经能感觉到情绪在发生变化，这是最大的进步，只有知道自己有了情绪才能按暂停键。如果不觉察情绪，连暂停情绪的机会都没有。觉察了之后就会发现触动自己情绪的不一定就是孩子的问题，也许是自己太累了，或者是习得了原生家庭的教育模式，认为跟孩子动怒能显示家长权威，发火是为了与孩子争夺权力，找到情绪的源头才能有效调控情绪。所以一个真正成熟和情商高的父母，每每遇到孩子带给自己这种情绪波动时，他立刻观自在去问：我怎么了？其实这种方式，不仅仅可用在孩子触动了我们情绪时，在其他情感关系里、社交关系里也可以用。总之，只要别人激怒了我们，说明我们内在还是有伤痛的。

第二步，呼吸代入平和中。觉察情绪以后最简单有效的方法就是深呼吸，深呼吸可以让心率减缓，血液供应也就会变得平缓。每一次呼吸，要去感知自己的身体，想象着每一次吐气将体内所有的愤怒和火气都释放掉了。当情绪释放了以后，再来面对孩子的问题时，往往就不是什么问题了，孩子也更愿意和心平气和的父母沟通。

第三步，转念。有句话说"一念天堂一念地狱"。很多时候，如果父母能够转个念头往往就会与孩子化干戈为玉帛。能够转念的父母就会换个角度去思考孩子的问题，而不是跟孩子硬碰硬。如果想"无论怎样，他毕竟是个孩子"，就这么一转念往往就让自己放下对抗。

第四步，冷静后思考。我们要思考到底孩子的需求是什么？为什么孩子会变得这么不讲理、这么任性、这么叛逆？我们可以想一想，孩子的个性和年龄，正处于哪个年龄段，明白孩子的发育到这个阶段的特质和个性。随后，体察孩子需要什么，他是需要我们谈一谈、还是需要我理解他、还是需要重新为他指出方向、还是需要我的鼓励，或者是需要一个清晰的界限，总之要弄明白孩子这个行为到底向父母传递什么信息。由于情绪失控导致孩子没有正确表达，父母没有正确领会，结果矛盾在误会中升级了，家庭战争爆发了，一旦战争爆发，情感的破坏就是真实的，所以我们要确定孩子行为背后有什么需要，只有看清了孩子的需要，我们才能够真正去化解。

第五步，感同身受。在同理心方面，首先，将自己置身孩子的处境，不要用成人的世界来理解孩子，而是把自己拉入到孩子的世界，用他的视角和感官来理解他。尝试感受他的情绪和想法，倾听他到底想诉说什么。其次，要告诉孩子，你能够理解他的处境和感受，然后走到这一步的时候，也就说明你能够更好地确定他的需求了。当我们做父母的是充满智慧、平静、有力量掌控自己、通情达理时，发现孩子反而更加尊敬父母，更愿意去听从父母的话，并且孩子也会更热爱父母。

为人父母，我们应该有能力给孩子做人生的示范，当有情绪的时候，让孩子看到父母是如何处理自己的情绪；在冲突中，我们又是如何化解冲突的；当面对对方的误解时，又是如何做到能够同理心对方，看到对方的需求，这非常重要。让我们从大吼大叫回到理智平静，让我们从情绪失控回到爱的中心，让我们从自以为是回到了能够对孩子感同身受，让我们从一种破坏型的沟通回到了一种建设型的沟通。

所以，永远记得孩子不是我们的敌人，孩子也不是来伤害我们的，孩子更不是要给我们带来磨难的；孩子的出现是为了让我们感觉到快乐，享受天伦之乐，孩子的出现是为了带出我们内心更多更深的爱，孩子的出现也让我们知道做父母是一件伟大而神圣的事情。大吼大叫、情绪失控在教育孩子方面没有任何的作用，我们应该停止无用且伤人的吼叫，与孩子建立全面的、有爱的合作关系，这样我们的亲子关系就会更加融洽，更加给人一种享受。

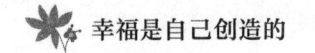

父母如何有效引导孩子

与孩子沟通和与成人沟通不同，孩子毕竟年龄小，需要父母来引导，另外在表达方面上也需要父母讲方法和技巧。所以，要有效引导孩子分三个部分，第一部分沟通，第二部分协商，第三部分对结果的处理。

沟通，要力求简单精练，家长切忌不要唠唠叨叨长篇大论，想让孩子做什么直接告诉孩子做什么就行了。比如，想让孩子收拾一下自己的书桌，直接说"你把书桌收一下"，这种简单指令里没有唠叨、没有抱怨，也没有指责和攻击，这种指令孩子往往更乐意接受。而不要唠叨说"你看看书桌弄得那么乱，为什么不能把自己的事情管好？你就不知道替父母分担一点吗？"这样指责和抱怨的话孩子不但不乐意听，反而会产生逆反心理，这样就起不到对孩子的引导作用。

协商，就是对某些事情达成一致，彼此提出自己的意见，最终形成共同认知。很多家长会忽略"协商"，认为孩子就是孩子，听大人的就行了。孩子是独立的生命体，协商是非常重要的，这代表的是父母对孩子的尊重。如果家长不与孩子协商，会发现未来的走向可能是孩子长大了之后，他为了争夺自己生命的主权，会强力反抗父母；要么就是孩子认为凡事靠父母，自己慢慢变得凡事不上心，把自己的事当成父母的事。通过协商能够做到引导孩子，有一种叫作家庭会议的协商形式，就是不要什么事情都在饭桌上，或者顺口一说，孩子会认为这些事情都不重要，没有仪式感，所以协商最好安排一个固定的时间，全家参与，就孩子的某个事情进行商讨。孩子会觉得这件事情很重要，也能增加孩子对自己人生的重视程度。协商的意义就是允许孩子表达，有分歧的地方可以找一个更好的方法来双方调整，最后达成一致。要有一种民主的商议氛围，这样也是对孩子品质的培养。当孩子走上社会，他会遇到很多需要与人打交道的事情，协商会让他能够尊重别人也尊重自己，让孩子有足够的耐心听取别人的意见，同时做出积极的改进。

对结果的处理。无论是沟通还是协商肯定要有个结果，好的结果就不用说了，如果结果不是很满意，一是要跟孩子陈述清楚结果的利害，让孩子承担他该承担的责任，二是启发孩子思考面对这个糟糕的结果有没有补救和扭转的方法。这样的话，孩子在面对结果的时候，他就会有一种更加积极的思维和更敞开的方式，可以帮助孩子提升情商。会引导的家长往往也是把控情绪的高手，这样无形中向孩子传递一个正面的形象，让孩子明白不乱发脾气是一种力量，能够很好地与人沟通。这样的孩子，长大以后情商就会高。在与孩子的交流过程中，你用什么样的方式与孩子相处，就是孩子日后与其他人相处时的模式。轻松、愉快、和谐的相处模式，会让孩子学会很多交往的技巧，他们知道如何用正确的情绪来与人交流，在交流中如何照顾他人的情绪，并且会因此而受到大家的欢迎。

引导的方法是更加关注孩子的感受，家长不是评判他的裁判，而是一个真心的交流对象。"你一定可以的""你还可以更好"这样的话会让孩子更加失去兴趣，因为这简直就是责怪。正确的方法如："你现在的这种感觉就叫作成就感，怎么样？很开心吧！""你刚才的表现叫作有毅力，有毅力是很重要的哦！""你这件艺术作品真漂亮，我可以收藏它吗？""你现在有什么感觉呢？"

所以，通过正确引导，可以帮助孩子更好地成长，拉近和孩子之间的距离，使亲子之间能够更好地沟通。

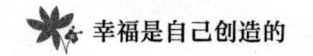

教孩子学会合作，而非竞争

现在的孩子，一出生就面临着各种各样的比赛和竞争，一句"不要让孩子输在起跑线上"，似乎注定了孩子的一生就是一个竞争之旅。

这是一个优胜劣汰适者生存的时代，所以孩子一出生就变成了竞争者，家长也认为，如果孩子拥有了竞争意识，就会积极进取，勇攀高峰。但是，如果孩子凡事都带着一种竞争思维，这恰恰会让孩子内心很苦，因为人生海海百年旅程，变成了一个不断和别人比较、竞争、争夺的过程，竞争意识会剥夺人与生俱来的快乐，并且容易把孩子塑造成外在看起来优秀内在却不真实的人，竞争也会让一个人永远不知满足、不会感恩，拥有的只是那种想获得胜利的欲望。

每个人都是独一无二的存在，与外在竞争是关注外部因素，能够全然活出自己才是关注内部因素。竞争是在指定的事情上或统一标准上分出胜负，胜者因此享有殊荣和获得好处，所以就变成了家长帮着孩子削尖了脑袋，想在各类竞争中胜出，然而这种竞争意识却会给孩子的性格和人格造成很大的影响。

孩子刚出生毫无竞争意识，他们只是纯粹地做自己，和小伙伴在一起玩耍也没有什么分别心，自惭形秽或看不起别人，还会完全敞开，内心自由自在。竞争意识是家长灌输给孩子的。比如："这个东西你不能要，咱家没有钱，不像谁谁家那么富！""你看看，人家做得都比你好，人家都会这个了，你还不会！"正是在这种比较的状态下，孩子渐渐产生了分别心，差距感让他们内心失衡。所以竞争不是把人变得更优秀了，而是把人们引领到一种更狭隘的认知范畴,每个人不再追求活出完美极致的自己,而是要成为大众约定俗成认为的那种"成功"的人。

孩子就像一粒种子,他有自己开花的节奏,不能靠外界催逼。尤其是当孩子没有做到父母期望的样子,父母会失望,孩子就会产生一种自己不够好的自我认知,这样的孩子又怎么能够自信呢?假如孩子在竞争中胜出了,往往会滋养孩子的虚荣和自大之心,人们在羡慕他、嘉许他,孩子会变得沾沾自喜,内心会产生一个声音"我比别人强,我是优胜者",家长如果再不停放大这个胜利,孩子就会虚荣,会很在意和追逐外在的东西。

竞争对孩子还有一种影响就是嫉妒和评判,当孩子觉得比不过别人时,那种感受对孩子而言是不舒服的。孩子内心承载了太多这样的不舒服,孩子自己消化不了,唯一的方法就是把这个不舒服投射出去,会本能地嫉妒比自己优秀的人,会刻意去寻找对方的缺点,以期让自己内心产生平衡,这样会形成一种不太好的性格。

竞争还会让孩子没有安全感,竞争意味着比较,当有比较时孩子内心就没有一刻是安宁的。一个总有竞争意识的孩子是没有办法真正去享受生活的,他片刻也不敢放松,他可能会很优秀,但很难幸福。一辈子不敢让自己放松,上学的时候跟别人比成绩,走上社会后跟别人比收入,生活中跟别人比自己的太太、先生,等等,无论创造了多少的财富、成绩,都不敢让自己松一口气,生怕下一刻会有人迎头赶上。

把孩子培养成了一个衣不卸甲,一天到晚手里都拿着长剑的战士,每天胆战心惊,内心不是自卑就是虚荣自大,如果我们的孩子未来发展成这样,是不是挺可怕的?

我们应该教给孩子合作和共赢。告诉孩子,在这个社会上,每个人都不是独立存在的,在这个世间,会遇到很多人,"人人为我,我为人人"才是和谐社会发展的重要基础。所以,在孩子小的时候,我们根本不需要拿孩子和别人比，而是引导孩子发现自己的优点和特质，同时也引导孩子去看到其他人的优点和特质。在这份发现里，我们能够看到原来生命是那么不同，生命就如同百花园里的每一朵花各有各的美，正是因为我们大家在一起，这个生命的大花园才更加缤纷，这才是生命的真相。

让孩子生出更多的"合作"意识而非"竞争"意识，根本不需要担心孩子会变坏，孩子反而会越来越好。因为孩子善于在他人身上发现优点，能够学习别人的优点。孩子在做游戏的时候，学习的时候，甚至在处理人际关系的过程中，他会主动去寻找和发现自己的合作伙伴，这将是孩子受用一生的特质和本事。未来，成功的人不是那些在竞争胜出的人，而是那些能够整合资源、能够合作共赢、能够搭建平台、能够利他助人的人。所以我们经常去跟孩子讲你们两个人能不能合作表演一个什么节目呢？你两个人能不能去合作一下呢？如果家长凡事引导孩子去发现合作的机会，那真的不得了了。孩子长大，他只要一出门，处处都是机会，人人都是他的贵人，这样的孩子还愁没有朋友吗？这样的孩子还怕没有团队吗？这样的孩子还担心不受人欢迎吗？

新生代孩子的能量

现在的父母挂在口头上的就是"现在孩子跟我们以前不一样了，太难教育了"，是的，这是一个共识，因为孩子已经变了，从00后开始，孩子们都属于新生代孩子。

从20世纪80年代开始，孩子们的成长环境发生了巨大的改变，我们现在面对的教育对象是90后和00后，他们大都是独生子女，也是伴随互联网的发展成长起来的一辈人。我们小时候是什么样子？尤其是农村的孩子，当时才刚刚见到什么是电灯。而现在的孩子，他们一出生，家家都有电脑、手机，网络发达，资讯泛滥，他们从小眼睛看到的、耳朵听到的都是现代化的知识和常识；日常玩的再也不是上树掏鸟窝、下河抓鱼，取而代之的是玩电脑、看IPAD，关在楼房里独处是常态。他们接触的现代化的东西太多了，大脑里接收到的资讯也超出了我们的想象，所以，有一些孩子让人感觉像小大人，表现出不合乎这个孩子年龄的成熟和老练。这也使得很多父母认为孩子不好教育不好管，这是父母的思维还没有跟上孩子的变化，而孩子是社会的孩子，孩子一定不能再像以前那样去教育了。你不让孩子玩电脑，孩子不会受到电脑的诱惑吗？父母不想让孩子玩手机，孩子就会不玩儿吗？除非成人的世界也能杜绝这些，这显然是不可能的。社会朝前发展，孩子也在随着发展，唯一能跟上孩子发展脚步的就是父母也要跟着改变。

新生代孩子的能量一出生就比我们高很多，尤其对于新鲜事物的接受程度更是让我们匪夷所思。我们小的时候觉得父母是天下最厉害、最能干的，明白的道理也最多，所以，那个时候父母很容易在孩子的心目中建立起权威感。现在不同了，孩子比大人懂得都要多，对于智能电子产品的运用，孩子可以说无师自通，而父母大部分还得向孩子求教，所以，父母很难在孩子心里建立这种权威感了。

所以给00后当父母需要非常勇敢的，因为我们小时候跟自己父母所学到的经验以及自己生活的积累的经验，用到新生代孩子身上根本不灵。

所以我们有必要了解一下新生代孩子的特质。新生代孩子分为靛蓝小孩和水晶小孩。靛蓝小孩是敏感且具有清晰自我价值观的孩子，他们对世界有着深远的协助和改变的渴望。靛蓝小孩来到这个地球上，就是为了颠覆过去旧有的东西，为了开创新的局面，他们个性鲜明，有很强的自我主见，并且在做父母的眼中看起来很叛逆，觉得他好像满不在乎，做事永远是特立独行，永远是不服主流。他经常和父母似乎处于一种对抗的状态，让父母很抓狂。靛蓝小孩就是来给地球带来新鲜能量的，他们代表颠覆和创新。父母要理解和接纳这样的孩子，从他们身上学习新鲜能量和冒险的乐趣，找到创意的奇迹。因为靛蓝小孩不服旧有的条条框框，表现出是永不妥协，所以无论家长是恐吓还是利诱，他们永远我行我素。

对靛蓝小孩，控制根本没用，因为他们内在住着一个叛逆的小哪吒，他们自己在心里一遍一遍地确认着"我命由我不由天"。所以靛蓝小孩就如同一股春风，吹进了父母的心房，给我们带来了全新的能量。电影《哪吒之魔童降世》中哪吒的妈妈，对靛蓝小孩就是全然地接纳，不管别人怎么说这是一个小妖怪，妈妈认为是自己的孩子，与众不同而已。同时给予靛蓝小孩以欣赏和认同，他们本身具备能量，不论这个能量是破坏的力量还是修复的力量，完全来自父母对他是欣赏还是打击，如果是欣赏，他的能量就是一种创新变革的推动力量，反之，如果是打击，他们就会让这股力量变成摧枯拉朽的破坏之力。

水晶小孩，顾名思义这样的孩子像水晶一样通透、纯净、美好。他们灵性特别高并且非常有爱，就像小天使一样温暖。水晶小孩非常会表达爱，内心非常细腻，能够感知到父母的感受和情绪，并且非常喜欢和人亲近，经常会对父母说："妈妈，你是最好的妈妈，你是天下最漂亮的妈妈！爸爸，你真的好棒，爸爸，你就是英雄！"水晶小孩经常说的话会让家长觉得被温暖了。

水晶小孩对大人很滋养，眼睛里充满笑意，小嘴巴说着暖人的话，也会让大人觉得特别省心。但这样的孩子内在诉求会很高，他们外在表现得并不和父母纠缠，但要求父母更高质量的爱。水晶小孩内心细腻，非常害怕父母之间冲突。换作靛蓝小孩可能会说"你们大人的事关我什么事"，而水晶小孩则会主动安慰妈妈："妈妈，你别难过，我一定好好照顾你，不要和爸爸生气了，他不是故意气你的。"所以，家里有水晶小孩，父母更要营造一种相亲相爱的情感关系。水晶小孩悟性高，洞察力和直觉力非常强大，不要让他们感受到恐惧，这份恐惧会蒙蔽他们内在的光明，尤其不要对着这样的孩子大吼大叫。靛蓝小孩属于神经大条的孩子，而水晶小孩则属于神经敏感纤细型的孩子，他们多数对这个世界抱着极大的爱意和热情，父母切不可给孩子灌输社会的黑暗面，不要对孩子说人与人之间钩心斗角、尔虞我诈的事情，这会破坏孩子对美好的想象力。给予孩子安定、平和、温暖的爱，让他们善感的心能够体会到家庭的爱和美好，这是对水晶小孩最大的能量连接。

无论是靛蓝小孩还是水晶小孩，当父母的应该明白孩子独一无二的特质，爱与接纳他们，理解与支持他们，让他们尽情释放新生代的能量，才是最关键的。

点燃孩子的梦想和热情

一个有梦想的人，会为了实现自己的梦想冲破重重阻力，在实现梦想的过程中会化困难为动力，对生活和世界充满热情。比如，莱特兄弟从小梦想着飞上天，最后发明了飞机；J.K.罗琳从小梦想着能写出神话故事，结果《哈利·波特》让她誉满全球；施瓦辛格从小梦想当一名演员，所以苦练身材，最后成了充满阳刚之气的杰出演员，所以，不怕孩子不学习，就怕孩子没有梦想和爱好。只要孩子有梦想，家长要做的就是呵护孩子的梦想，引导孩子的梦想，让孩子为了自己的梦想去努力。科学家的科研实践证明，无论是孩子还是成年人，只有在为自己的兴趣和梦想学习和劳动时，才会以苦为乐，并乐此不疲。

如果回到七八十年代以前我们小时候，那时人们温饱都很难解决，生活拮据，那时候的孩子很容易被获得物质激发和带动，无论在生活和工作上，可以通过"获得物质奖励"这样的机制来引发他们的积极性，做不到也可以用物质层面的惩罚如扣分、扣钱来让人产生恐惧感，从而提升工作的积极性。随着00后的降生，时代不同了，孩子也不同了。他们面对的不再是生存的问题，如果父母还是以"危机教育"模式，即在孩子还不谙世事的时候，提前将社会竞争激烈的现实告诉孩子，企图激发孩子发奋读书已经不太奏效，因为孩子并不会有危机感，他们不缺物质，大部分孩子都生活在家庭已经奔小康或者更富裕的状态里，想让孩子积极进取，唯有点燃起孩子的梦想和激情才是关键。

新生代的孩子感受不到我们小时候那种生活物资匮乏的感觉。你去跟孩子说那时候生活的艰难，他听了就如同天方夜谭，他会很疑惑，所以对00后的孩子用一个小小的物质刺激他，根本没有用。曾经有一个家长就问："孩子，人生就好比百米赛跑，你要在发令枪一响的时候就让自己跑起来，你为什么不跑呢？"孩子慢悠悠地说："有什么可跑的？跑到终点奖励的东西，我从小就有，我没有必要为了这个东西拼死拼活地跑啊！"

这个孩子说出了他们这一代孩子的真实感受和内心认知。孩子内在原始的动能如同一粒种子，种子向上的能力就叫原始的动力，启动了孩子这份原始的动能，就相当于帮孩子这台发动机打着了火，孩子不但用不着父母推动，甚至父母还得撒开腿跟着跑呢。所以，驱动新时代孩子的动能不是外在的物质条件，而是激发孩子内在激情与动力，让孩子活出自己的梦想。

在孩子很小的时候父母就要和孩子探讨人生的意义，让孩子有激情和动力去追求自己的梦想。如果家长的能量层级很低，只停留在物质层面，一天到晚想着多挣一点钱，那孩子很容易受到影响，就没有了前行的动力，他会疑惑人活着究竟为了什么？孩子在学校和社会上接受知识和文化的教育，但生命意义的教育是父母去引导的。对于孩子的梦想，很多父母不但不支持甚至还会打击，比如，有个孩子想去组建乐队，父母说玩音乐没有出息，愣是托关系走后门将孩子送进了"正式单位"，但孩子一点也不快乐，每天朝九晚五的工作让他感觉自己活得很颓废。有一个恰恰相反的例子，有个小孩喜欢动漫，父母认为天天沉浸在动漫的世界里会让孩子失去学习的动力，不放心找到我们"家庭幸福能量课"来学习，父母上了课后懂得了要点燃孩子的梦想而不是阻止和毁掉孩子的梦想，由原来反对孩子学动漫转变为主动问孩子对于动漫了解多少，帮孩子找各种动漫学习的渠道。当孩子看到父母支持他的梦想，整个人变得神采奕奕，讲起动漫头头是道。父母发现孩子演说的口才那么好。事实上，并不是孩子口才变好了，而是对自己喜欢的东西所产生的最真实的感情流露。

天下没有不爱学习的孩子，只有没找到学习动力的孩子。让孩子在学习中找到快乐，他不但学得好，还会创新。用梦想激发孩子等于让孩子找到了自我内驱力，他自然会坚定前行，这就是梦想的力量。

所谓"梦想教育"就是要从孩子的兴趣入手，发现孩子的潜能优势，点燃孩子的"梦想"，让孩子为自己的"梦想"学习。家长应该明白以下几点：

第一，每一个孩子的生命里都有"梦想"的种子，家长的任务是去发现、呵护和培养。发现的方法主要是观察、倾听、交流和沟通。在现代科技发达的前提下，也可以辅以测评手段予以旁证。

第二，"梦想"一定要是孩子自己的"梦想"，而不是家长强加给孩子的梦想。

第三，当孩子的"梦想"与大人期待的"梦想"大相径庭时，要充分尊重孩子自己对"梦想"的选择。当然，前提是孩子的"梦想"不能违背社会的主流价值观。

第四，当孩子的"梦想"也就是人生的奋斗目标确定后，家长要做孩子梦想的守护者和孩子实现梦想的陪伴者，千万不能越俎代庖。

第五，帮助孩子实现"梦想"。家长要帮助孩子制定实现这个"梦想"的最近期目标,而后根据这个目标找出孩子实际存在的差距,再根据这个差距制定缩小差距达到目标的具体措施,然后再督促孩子把这些措施落实到具体的行动上。

做一个口吐莲花的父母

《名贤集》里有句话:良言一句三冬暖,恶语伤人六月寒。简单理解就是说出来的话,让人听着舒服,那么听者就会内心喜悦;说出来的话让人听着不舒服,那么听者内心就会特别寒冷。如果父母能够向孩子讲良言,就是口吐莲花的父母;反之,母亲如果向孩子讲恶语,就是口吐利箭的父母。所以,会表达和不会表达两者之间有天壤之别,亲子关系的好坏也会非常悬殊。会表达,说的话让孩子感觉到能量被提升了,有自信心了,孩子的状态会越来越好。不会表达,说的话就变成了杀伤性武器,不但没有正向的作用,反而会引发和孩子之间的矛盾和冲突。不会表达的父母往往会说一些刻薄的话、比较的话、打击和评判的话,类似"你看谁谁考得多好,你看你""你咋就这么不让人省心呢"这些都是评判和比较的话,孩子听了会反感、难受,充满负能量。会表达的父母言语中充满对孩子的接纳与支持,哪怕孩子真的有错,也会用一种婉转的口气去化解孩子的错误或让孩子在错误中有所领悟,而不是被打击。

看过一个故事:

孩子问妈妈:"妈妈,我是不是很笨啊,我的同桌想考100分就考100分,总是第一名!"妈妈对孩子说:"妈妈觉得你这个问题很重要,能否给妈妈一点时间思考,我一定会给你一个答案的!"两天后,妈妈带他去海边玩耍,玩累了后一起坐在沙滩上看远方,妈妈问:"宝贝,你看前面有什么鸟?""海鸥""还有呢?""小灰雀!""你觉得海鸥聪明还是小灰雀比较聪明""小灰雀""为什么?""因为海鸥笨笨的,海浪一过来,小灰雀早就离开了,很灵活。"妈妈停顿5秒说:"宝贝,海鸥虽然有点笨,但只有海鸥能够穿越大海,横渡大洋!"然后用深情的眼神看着孩子。什么都不用说了,从此以后这个孩子再也不跟别人比成绩了,因为在他心里自己就是海鸥!

只要拥有一颗宁静的心,任何父母都可以做到在孩子心灵最需要力量的时候说出爱的语言。

作为父母还要在日常生活中经常向孩子说"谢谢"。正是因为孩子,让爸爸、妈妈有了更多挑战生活的耐心,收获了很多快乐。孩子收到父母的"谢谢",会觉得自己是一个备受珍视的人,他会觉得自己很重要,有一种很棒的自我存在感。

如果父母不会表达爱,还凡事都指责和抱怨孩子,让孩子觉得透不过气来,心头像放着一块大石头,这样会削弱孩子的力量。比如,当孩子兴奋地告诉父母自己考了100分,父母却说:"考一次100分不是本事,每次考100分那才叫本领。"这就是一瓢浇向孩子的凉水。

父母评判、指责、抱怨、给孩子贴标签等,都会让孩子越来越觉得自己不够好,也不容易信任别人。

真正懂教育的父母,知道语言的力量,向孩子说的每一句话都是"莲花",他的话语就像一道道光,能够照亮孩子的心。每一个父母都是爱孩子、疼孩子的,所以一定要管好自己的嘴,说出来都是嘉许的、赞美的、鼓励的话,这些有能量的话表达着父母对孩子深深的爱,是洒向孩子的阳光和雨露。

第3块幸福拼图
沟通能力提升幸福指数

幸福是自己创造的

封闭久了，会忘记全然打开时的好感觉

语言是有声的文字，文字是无声的语言，舞蹈是流动的语言，绘画是有色彩的语言。人作为万物之灵长，我们独有的魅力就是语言的魅力。万物皆在表达，一棵树长在那儿，它就已经完整地表达了自己——它所有的外在，就已经淋漓尽致地展示了它自己。但一个人站在那里，虽然有一定的肢体语言，但如果不说话别人就很难知道你的真实想法，所以，沟通力对每个人来说都非常重要。具体表现在哪里呢？

表达关乎幸福

我们每个人都在与周围的人建立各种关系，如亲密情感关系、事业合作关系、朋友社交关系，总之人是处在各种关系中的。人在各种关系中，需要彼此知道、了解，才能合作和交流，这就需要我们把自己头脑里隐匿的思想和内心的感受，通过表达让对方知道。比如，我们同处在一个房间里，你觉得有点冷，这只是你的需求，为什么？因为可能别人觉得温度刚好，甚至是有人会觉得热。又比如，我们都坐在一个房间里开心地聊天，你有一个需求，希望能够安静的独处一会儿，这个需求只是你的，因为其他人玩得正嗨，他们很喜欢这个热闹。所以你要知道你所有内在的精神活动，都具有两大特质：一是孤立的，二是隐匿的。所以，如果你不说、不表达，谁会知道？

一个人如果眼睛近视，他会去给自己配近视镜，或者是去做眼睛的矫正手术；如果一个人听力不好，他会给自己去买助听器；如果一个人感觉自己骨质疏松了，他会给自己补钙，然后会晒太阳；天冷了，人们会给自己添加衣服……可如果一个人不会表达，从而无法与别人建立彼此理解的通道，这又如何获得认同和被认同呢？在这个世界上，大部分的纷争、冲突、误会都是源于不会表达所引起的，每个人大部分的痛苦、遗憾、后悔，也都是源于不会表达所导致的。

爱人之间、亲子之间，彼此相亲相爱毋庸置疑，但是却有非常多的夫妻矛盾源于彼此不会好好表达，大部分亲子关系不和谐也源于父母不会和孩子沟通。夫妻之间明明相爱在一起却互相伤害，背后深层的原因是日复一日彼此沟通不畅造成的。也许夫妻之间一方付出很多，另一方也付出很多，但因为没有好好表达，而彼此不知道对方的辛苦；也许亲子之间，父母爱孩子，孩子也知道父母爱自己，但因为没有好好表达，而没有让这份爱在彼此之间流动。

很多人内在都有自己的"需求"，由于不会表达，说出来的话却成了"要求"，当我们明明是希望别人心疼苦累的自己，却把话说成了对别人的指责与埋怨，最终来言去语的错误表达积攒成了家庭矛盾，又如何能幸福呢？

▮ 表达不是口才，是生活技能

提起表达，很多人都认为自己能说会道，但是表达不是口才。举个最简单的例子，口才好的人妙语连珠，口若悬河，但说得再好对方又能收到多少呢？所以，口才代表会说话，但不代表会沟通，因为口才是单向的，沟通却是双向的。所有说出的话，如果对方没有收到，就没有任何意义。试想，一个母亲，她能够带着爱去表达出对自己孩子的情感，你觉得那个需要口才的训练吗？我们没有一个人说我们要做母亲了、要当爸爸了、要结婚了，需要报一个口才班，才能够进入到新的情感关系中。口才或许是一种让你有机会在公众面前表达的才华，可表达不是，即便是默默倾听，这也是一种表达。

一个不会表达的人不是没有口才，而是没有沟通的技能，而这个技能的背后是爱与理解，是接纳与包容。一个真正会表达的人，才能够真正听懂对方的表达。如果你从未真正地表达过自己，那你可能也体会不到对方表达自己时是怎样一种感受，你也可能并不真正理解对方表达的是什么意思。所以，表达在我们的生命里真的太重要了，可以说重要到你把它放到怎样一个高度都不为过。

如何真实清晰地去表达

既然我们知道了表达关乎幸福，并且是一种生活的技能，那我们又该如何实现真实、清晰地表达来达到幸福呢？

首先，表达的背后是自己所具备的能量，有能量的人口吐莲花，既能说得舒服，也会让对方听着舒服。反过来，说出来的话不中听，让人不受用，应该是堵住了自己的能量。缺乏能量的人凡事往坏处想别人，对自己也不自信，所以往往话一出口就是借口与埋怨。

当一个人具备了能量，就学会了如何好好说话，这样的表达具备了高情商，具备了爱与理解，同时也就具备了力量，这份力量可以连接每一种关系，是通往幸福的基础。

我们一起带着爱前行、为爱发声，希望我们每一个人都舌绽金莲，希望我们每一个人都能清晰、精准、有力量地表达自己，同时也能够精准地去和他人形成爱的连接，希望我们的生活在恰到好处的表达里更加幸福和圆满。

如何精准表达，把话说到点子上

精准表达和说到点子上，不是遣词造句，而是说出自己真正想要的，让对方明白并乐于接受。

举个最简单的例子，妻子希望丈夫多陪陪孩子或下班早回家，这是真正内心希望的，话出来却是"你为什么就不顾家呢，这么晚才回来"。妈妈不想让孩子玩电子产品怕影响成绩，这是真正内心想的，但在与孩子对话的时候却是"你咋这么没出息？天天玩游戏"。这样的表达就是负面的表达。

把话说到点子上要求我们在讲话之前觉察自己讲话的模式、语气，觉察自己讲话的方式和习惯。这种方式和习惯往往来自原生家庭，比如有的家庭说话喜欢用开玩笑的方式幽默地去表达，而有的家庭说话比较严肃正式；有的家庭说话分贝很高，听起来像吵架，有的家庭说话却是温和民主式的沟通，这些不一样的沟通方式是从原生家庭习得的，所以带着一种本能和习惯，往往说话者自己都不容易发现。有的夫妻吵了一辈子，可能争吵的都是一些鸡毛蒜皮的事，往往是双方习惯不同造成的。

另外，还要觉察自己说话前的情绪和感受。如果说话之前自己是带着情绪的，那么在讲话的时候就会带出一些消极的能量，这样说的话往往会偏离自己的内在真实需求。言为心声，当情绪给一个人带来内心杂乱与不安的时候，讲出来的话也就不会顺耳。

比如，一位妈妈劳累了一天，疲惫不堪，这时候孩子过来打扰她，妈妈可以这么对孩子说"妈妈很累，请让我休息一下，我不想被打扰。"这样就是在真实地表达自己的情绪，孩子也会理解。要觉察自己是不是在情绪化地表达，这与表达情绪是两个概念，情绪化表达是开心的时候说的是一种话，不开心的时候说的是另一种话，这样会给别人造成困扰，无法获得你的真实想法。

表达情绪和情绪化表达可以很容易区分：

一个人表达情绪，他运用的句式是"我怎样，我怎样"。比如，我现在感觉很糟糕，我现在感觉不开心，我现在感觉很受伤，我现在觉得好委屈！我现在感觉很失望……大部分的情绪的表达都是用"我"来开头的。

情绪化表达，它的主语就是"你"。比如，你总是这样！你为什么这样？你为什么这么不负责任？你为什么是这种态度？你为什么这么欺人太甚……主语一直是"你"。

最后要觉察说话的时候是不是属于"头脑性的表达"，就是我们常说的，一讲话就飙"大道理"，往往让人不爱听。大道理让人感觉到太过于走脑，没有情感和温度，冷冰冰的，让人感觉到心没有和他连接。

举个例子，如果丈夫对妻子说："你看你总是买衣服，又总不穿，第一挤占衣柜，第二还浪费钱，我这么说没有错吧，你能不能不要这么浪费了。"这样有理有据似乎没错，但妻子听了不高兴。如果用走心的语言来说可能是另一种表达，如"我老婆的审美一天天提高，咱们要买配得上你气质的好衣服，不能老买便宜货了"，这样的话哪个女人都爱听。

当觉察到以上几点后，就要重视沟通中那个正确的"点"。有一句话叫"口乃心之门户"，那个正确的"点"就是来自心的回应。正确的表达，不是本能反应，不是情绪反应，也不是出发于头脑的思考性反应，而是来自心。

我们无论是听演讲还是看小品、读故事，能被一句台词或一个片段打动，往往是心被触动了。所以，真正的沟通不是交换语言，也不是交换彼此的意思，是由心而发，用真心在说话。

我们都听过"同频共振"的原理，同质相吸异质相斥，沟通也是这个原理。讲话的人从心出发，然后听话的人心被触动，如此两个人的沟通状态就达到了同频共振。

比如夫妻两个，如果一个人的说话方式是本能的、无意识的，另外一方如果不觉醒、不学习，他必然也在无意识状态里予以回应。人们经常能够看到这样的状况：两个人吵架，旁观者看得清清楚楚，这两个人是各吵各的，表面上吵得很欢，但其实谁都听不进对方说的任何一句话。为什么？因为双方都处于本能反应里，两个人永远鸡同鸭讲，各说各的，各自都是用本能在回应。

同样，如果我们的表达是情绪化的，那对方就会在情绪化的位置上听。结果就是，你火大，我比你火还大；你愤怒，我比你还愤怒；你觉得受伤，我比你还受伤……这个时候，沟通中的两个人就剑拔弩张，完全进入一种冲突状态。

所以，人们才说，"聪明人总会碰到机灵鬼"；老实憨厚的人遇到的人也没有花花肠子，沟通就是你用心，对方也才会用心去回应。

所以，沟通表达第一重要的就是"我的心想要什么？""我的心想说什么？"不要让自己进入到那无觉知的模式里边。

当然，能够做到把话说到点子上，能够精准地表达自己的诉求，不是一日之功，需要不断练习以下几点，提升自己的沟通能力。

第一，只说自己想要的。不要讲话拖泥带水，绕了半天没切入主题。比如，妻子跟丈夫说："你能不能不要每天回来这么晚？你看你这一星期，总是回来这么晚，什么都不管……"这个妻子说了一大堆，这是她想要的吗？很多人都会进入到这样的模式，抱怨、指责半天，就是不说自己想要什么。

第二，练习把话说少。讲的话少就是在聚集能量，说的话多会消耗自己内在的能量，那样不但说出的话没有分量，还会给人一种"嘴碎"的印象。

其实，当我们只去表达自己想要的，就已经是把话说少了。很多时候我们说的都是废话、错话，练习把话说少，就是在说话前先去觉知自己到底真正想表达的是什么，先把话说少，然后才能把话说对。

幸福是自己创造的

如何一开口说话，就赢得好印象

沟通是生命运作连接的法则，是一种生命的本能，沟通不是单向的，而是双向的。说话的人无论想要什么，一定要让对方接收到才行。这就要求我们，开口说话要给对方留下好印象，不然就会出现"话不投机半句多"的状态。什么是好印象呢？就是让人听了受用，还想继续听下去。如果对方觉得你讲的话他不愿意接受，心门就关上了。这个时候，不管你笑得多灿烂，你的语调听着多么美妙，都是没用的。

我们在生活里也会有这样的体会，父母觉得自己特别由衷地、发自肺腑地说一些让孩子好的话，结果没想到孩子听了之后会说："行了，别说了，我不想听了！"更严重的是无论父母讲什么，孩子的耳朵都处于屏蔽状态，根本一个字都听不进去。这些是什么原因造成的呢？

要让对方有好印象，我们就要去关注对方的反应和感受，知道对方要什么。换个角度，如果你是一个聆听者，你要什么？有人会说："那我当然要对方说的话有价值、有意义，对我有帮助，让我成长……"

有价值、有意义能够带给别人帮助和成长的说话，代表了别人觉得被接纳、被理解、被认同与被需要。

▍让对方感觉到被接纳

在沟通交流的时候，我们常常会自顾自地说话，而不考虑对方是否爱听、是否能接受。与人交流观点的时候，首先应表达对他的接纳："你这样做是可以的，没事，你放心，我们不会对你有误解。"这句话就相当于给对方吃了一颗定心丸。有的时候对方心里会很忐忑，他不知道自己这样做是否被接纳,如果你没有察觉或顾及对方的那种不安和忐忑,一下子就说出了你的观点、你的感受,这个时候他根本就没办法听进去。

▍让对方感觉到被理解

人在这个世界上,总是渴求被理解。大部分人都感觉自己是孤单的,好像没有人真正看得懂自己。如果有人能够表达对自己的理解,简直是太稀罕了、太珍贵了!所以,一旦觉得自己被理解了,不用问,当然是投之以桃、报之以李,那对方接下来说什么话,都恨不得一字一句刻在心上。

▍让对方感觉到被认同

认同,相当于给一颗饥渴、干涸的心浇水,是鼓励和加持对方的有效途径。比如,向对方说:"你的想法/你的做法太棒了!""你的态度/你的创意/你的表达/你的表现太棒了!"学会了这样的表达,你会成为一个让别人喜欢的人。接下来,我们要具体地去表述好在哪里、棒在哪里、对在哪里……当你能够把对方好的细节表达出来的时候,对方必然会感动,这样对方接收到的是你真的在关注他。这个时候,他就有一种被爱的感觉,他会感觉到原来你真的很在乎他、很关注他,给了他很多爱的能量。

▍让对方感觉到被需要

为什么把"被需要"放到第四个呢?因为以上四个需求是有次序的。先是被接纳,让他安了心;然后是被理解,把对方的心门打开;接着是被认同,让他觉得被欣赏,他的心得到了浇灌;最后是被需要,让他觉得自己有价值。一个人被需要,就会从内心生发出一种价值感。人的本性都是善良的,每个人从骨子里都希望自己为他人、为社会,甚至是为这个世界去做一些事情,去贡献自己。所以,如果他感觉到被需要,代表着他有资格去给予他的爱,这是一种更深的认可。一个人到底是脆弱还是强大,并不取决于他在语言上说了什么,而在于他自己内心真正的感受,以及他自己内心真正的力量。所以一个强而有力的人,他反而可以去向很多人说出

"我需要你",他的意思并不是说"我离了你不行",而是他明白,需要对方,其实是满足了对方"被需要"的这样一种需求。需要对方,意味着在很深的层面上确认着对方。所以,让对方感觉"被需要"的口头语就是:"我需要你的帮忙,我需要你的支持。"

我这么多年生活、工作所遇之处皆是同频共振的人,全依赖"我需要你的帮忙"这句法宝。

无论走到哪里,需要帮助的时候,就主动去开口:"我需要您支持一下,我需要您帮个忙!"而且要笑着说,这时散发的能量就是"我相信你,我相信你!"这个相信的能量,真的能够给你创造奇迹。

一个朋友,一个熟人相信你,那是因为他了解你。一个陌生人对你一无所知,但你却能感觉到他竟然把自己全然交托给了你,立刻你的神圣感就被激发出来了。在那一刻,你会有一种感觉:我是个英雄,我要拯救他,我必须要帮他!

当我们在说话的时候时刻让对方感受到被接纳、被理解、被认同与被需求,又怎么可能不留下好印象呢?

为什么你总是用折磨自己来讨好别人

用折磨自己去讨好别人,是很多人的一种生活状态。为什么会这样?因为我们总是忽略自己的需求,或者不主动表达自己的需求。

前面的章节我们说过,只有表达出来,别人才会了解我们,然后才有可能满足我们的诉求。可是我们连说都不愿意说、不想说,或者总是绕着弯说,又怎么能够期待被满足呢?一个人能够真实、清晰、有力量地表达需求，才能让自己活得不憋屈、活得痛快。而且，一个敢于或乐于向别人表达需求的人，他是敞开的，这样的人，他能够给自己的生活创造更多的机遇和收获。所以，一个人能够真实、清晰、有力量地表达自己的需求，是他能够活得幸福的一个很重要的原因。

明明有真实的需求却不敢表达，就是对自己的折磨，时间久了就会把这份压抑变成了一种情绪化的表达。

我曾经说过"每个欲望背后，都隐藏着一个未被满足的需求"。我经常跟我的学员说，我们遇到任何问题，不要急于只是纯粹地去解决问题，解决问题当然很重要，但不是最重要的。因为问题是一个结果和外在的呈现，所以最重要的，是要去问一问，问题为何会出现？这远比解决问题更重要。

不敢表达自己往往有几个原因：

第一，怕失了面子。比如，与朋友相处，怕被别人瞧不起不敢说真话；别人提出借钱，明明不想借却不敢优雅地说"不"。而小孩子就简单得多，小孩子看到别人吃好吃的就会直接说"我也想吃"；小孩子不开心就会用哭泣或发脾气来真实表达，但往往大人会觉得孩子发脾气或哭泣会让自己丢面子，而并不喜欢孩子这种真实的表达。

第二，把不表达需求当成了一种试探。很多人不但在外人面前要面子不敢说出自己的真实需求，在亲人面前也不愿意说，而是自己想当然地认为"这个我还用说吗？你是我丈夫/爸妈/妻子，不是应该知道吗？怎么还用我来表达呢？搞得像外人一样"。就这样把自己的需求摁下了。可是不说不代表需求不存在或者消失了。结果呢？被自己压制了的需求就变成了赌气。你虽然没说，但其实你心里还期待着被满足。期待的时间越长，你心里的火就越大，失望也就越大。终有一天"新仇旧恨"加起来就爆发了，爆发的过程也是宣泄和释放久积的不满的过程。

很多时候在关系里就会有这样的一种情况，你抱怨对方说："你为什么不懂我？我就需要这个，我就需要理解，我就是需要一句简简单单的话，哪怕你跟我说，'知道你挺不容易的，你受累了，辛苦你了！'都可以，为什么不说呢？"事实上，答案就是：他就是没有说这样的话啊！所以，如果怕丢面子不去正确、直接、真实地表达自己的需求，往往就会变成折磨自己。

要知道，需求和面子无关，只有内在能量很足才会生出"简单与纯粹"的能量，这份能量就不虚伪、不恐惧，体现在表达上也会真实而自由，不会瞻前顾后，同时也是对自己的接纳，接纳真实的自己，毫不隐藏。

需求的意义就是两个生命能够有机会连接的桥梁。每个人都有独特性，都有需求，也都渴望与别人建立更加和谐的关系，两个独立的个体怎样才能够彼此连接呢？只有一个方式，就是彼此需要、互相作贡献。也只有通过这样，我们才能真正地由个体连接成整体。所以在向外去表达需求的时候，其实正代表着我们对另外一个生命发出了一份邀请，邀请对方来跟我们连接。一个人不说需求，其实是很孤傲的又孤独的。

我们的身体和精神都需要与别人建立连接，在爱、理解和支持中连接别人的慈悲和温暖。我们是小小的个体，因为互相表达需求，又互相给予支持，一起融成了生命爱的海洋。一个不表达自己需求的人，就相当于斩断了自己和外在所有连接的桥梁。

还有最关键的一点，表达需求就是表达对别人的信任，让别人觉得被需要。前面我们说过，每个人都希望"被别人需要"，所以，当我们去表达自己的需求，就是给了别人来表达爱的机会，同时也让别人感觉到了被信任，这是一个生命的认可！

所以，表达需求是高尚的事情，表达需求是一种敞开，表达需求是为生命合一所做的伟大贡献，表达需求是向整个生命存在伸出了你的橄榄枝。

当你能够发自内心去表达你的需求，你会发现，你的所有人际关系和亲密关系都发生了改变。你会发现，你身边的人都是那么有爱的人，他们都在聆听你、关注你、支持你、信任你，在给予你爱，也同时敞开接受你的爱。

如何清晰表达，让别人懂你

什么是清晰地表达需求呢？有三个要素，即真实的感受、明确的诉求、诚挚的感谢，按照次序把它们表述出来，就是一个特别清晰完美的表达。下面我们一一展开来看。

首先，表达自己真实的感受

对同一件事，人与人的感受和需求完全不同，所以表达真实感受是必需的也是必要的，这样便于对方理解和接受。比如，我有个朋友特别怕黑，一到晚上自己在家就会紧张害怕。如果这个时候她直接告诉她的丈夫自己的真实需求，"我特别怕黑，老公你要早下班回家"，这样丈夫就能知道她的需求。如果只是提要求，而没有说出需求的根本，对方会觉得她幼稚甚至无理取闹。

又比如，一个爱干净的人看到家里用过的物品没归位就会觉得不舒服，但是如果配偶对卫生要求没有那么高，就会觉得物品没归位也无所谓。如果爱干净的人看不惯对方，就需要说出自己的真实需求"我接受不了屋里乱糟糟的，所以用完的物品要归位"。

要直接说出自己的需求。人与人的感受不一样，切不可让对方猜心思。无论我们表达什么样的需求，第一个要表达的就是自己真实的感受。

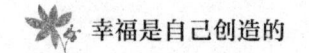

因为感受无罪，感受无错。

怕黑的妻子可以真实地跟丈夫说："我自己在家里心里特别害怕，我也知道，这是我的个人问题，可是我现在确实还没有解决它，就是害怕，这天一黑就怕得不行！"这是你的感受。

爱干净的人可以直接说出自己的需求，而不是挑剔和埋怨丈夫或孩子把东西乱扔或不归位。可以试着说出自己的真实感受："我上班很累，回到家看到屋里乱扔的东西，非常不舒服。"

一个勇于表达自己真实感受的人，是一个敞开的人，用这种方式邀请自己的家人、朋友进入到自己的内心世界来看一看，他们一旦看了，就会产生理解。

▓ 其次，明确地表达诉求

表达诉求不是提要求，这一点很重要。一个公司领导给员工下达工作指令，一定要非常清晰，如果模棱两可没有标准，那么员工就不知道领导具体要什么。在家里也是一样，比如，妻子跟先生说："你帮忙把厨房的垃圾倒一下。"老公就帮她把厨房的垃圾倒了。倒了之后，妻子接着会说："你说你把垃圾倒了，怎么不知道给垃圾桶再套上一个新的垃圾袋呢？你就跟那个陀螺似的，拨一拨转一转，你就不能稍微主动一点？这不就是一顺手的活儿？"对方会说："你没和我说呀！"妻子接着会回应："这还需要说吗？这不是摆在眼前的吗？你说你倒了垃圾，还不顺手再套上一个！"

又比如，妻子跟丈夫说："你帮我拿杯水！"然后丈夫把水端过来了。妻子跟他说："厨房锅里炖着东西，你刚才帮我看没看？"他说："没有啊！"妻子开始不高兴了："你一个大活人，上厨房，锅里炖着东西，你看一眼怕什么的呢？怎么就这么懒？"对方也会烦了，马上回怼："你说这些没用的干吗？你有事说事，你跟我说一下我不就看了吗？"妻子又反驳了："你就是眼里没活儿，什么都让我嘱咐你，你是三岁的孩子吗？"于是，争吵起来了。

那到底怪谁呢？很简单，男人是聚焦性思维，女人是发散性思维。吩咐男人一件事他就做一件，所以让男人做事情的时候需要说清楚才行，这就叫作提出清晰的诉求。上面的例子，妻子就可以跟先生说："老公，你待会儿下楼的时候，把垃圾捎下去好不好？"老公说："行，没问题。"妻子要接着跟他说："你把垃圾拎出来的时候，顺便再套上一个新的垃圾袋哈。"这就叫作清晰的表达。

▋ 最后，表达诚挚的感谢

我发现，人一旦嘴巴甜一点，就能够让自己过得很轻松，并且做事情特别顺。而生活中我们很多人，宁肯很费力地争吵，也不愿意轻松地口吐莲花。表达赞美和感谢，能够很好地满足对方的精神需求，同时也会让对方心中升起一种神圣感，从而努力地想要把你交代的事情做好。很多人认为一家人之间无须感谢，不用说得这么好听，习惯于说不好听的话。说不好听的话就像把垃圾往家里拿一样让人不舒服，所以，我们亲人共同居住在一个房子里，要说好听的话，而不要说难听的话。

所有难听的话就如同"垃圾"，越是最亲的人，越应该说美好的话。就像有句话说得好"我们把最好的一面给了陌生人，却把坏情绪带给了最亲的人"。

所以，一定要和自己亲人说爱的话语，表达感谢。不要认为他们不需要，换位思考一下，你的亲人向你表达爱的时候，你也会感动。

学会向孩子表达感谢、向配偶表达感谢、向父母表达感谢。当内心存有满满的爱意，去说出真诚的、感谢的话，对方就会特别受用，也能够接通这份沟通带来的能量。越是亲人在一起，越应该分享内心的感受，不然的话，没有内心的交流，彼此之间在一起，只剩下了柴、米、油、盐，而没有了精神上的连接，少了爱的分享，就没有真正的幸福可言了！

有力地说出需求，冲破沟通阻碍

人们通常认为说话"有力量"表示说话大声、很有气势。事实上，说话大声和有气势不是一回事。说话大声有可能是为了证明自己，也可能是故意提高声音以震慑别人，还有一种是因为没有底气用提高音量来伪装自己。有理不在声高，越是说话有分量声音往往很平静和缓、不急不躁。所以，说话有力量并不是声音大、气势足，而是有一种"不怒自威"的效果，这种效果里蕴含着敞开与放下。

那么，如何才能通过这种力量来冲破沟通阻碍呢？

首先，要申明而不是证明

我们每个人都有需求，无论是精神层面的需求还是物质层面的需求。合适的需求是人的本能，当我们说出需求的时候是在申明自己，如果带着不切实际欲望的话，就会变成欲求。

"申明"指的是我要告诉别人我的态度和真实需求。而"证明"指的是一个人要从语言和行为上向别人证实他是怎样的人。所以，在证明里存在很多的刻意，在证明里意味着不认为别人会相信自己，所以要额外做一些举动，让别人来认同自己，这不是表达的真相。

在表达时但凡是强调的，都是自己心虚；但凡是解释的，都是自己觉得力度不够。比如，有不少人说话的时候会加上前缀"你听我解释"或"不信的话，我做你看"，这样的话背后就暴露了说话者既不自信，也不信别人。

所以，一个人有足够的自信，在陈述自己的真实需求时，往往会不带任何情绪与虚心做作，这就是一种力量。这种力量不会因为别人不相信而有所改变，信不信是你的事情，我表达的是我最本真的自己，不希望从对方那里得到额外的东西，所以不心虚。在声明的时候，我们自己的内心会非常笃定和平和，因为我们只是在纯粹地表达自己。

所以，大部分沟通产生障碍都来源于没有自己的声音，这样不是别人的问题，而是自己的问题。

▍其次，要敞开去表达

敞开表达并不是争吵，一旦争吵就意味着向对方关上了心门，这样的沟通最终会走向失败。敞开表达就是要特别恳切地向对方寻求帮助。

我们举个例子，有一档招聘节目，有位求职者在第二关就被淘汰了，按照节目要求他必须离开现场。但在第三关的时候，这位求职者竟然出现在了舞台上，他对节目主持人说临走前特别想去敞开表达一次。于是现场的招聘老板给了他这个机会。他说："我本来做了充分的求职准备，因为第一次面对这么多观众和老板所以很紧张，导致没有发挥好。如果在座的各位还能给我几分钟时间陈述一下自己对于该职位的理解，我会没有遗憾的离开。"在座的老板们听到这位求职者如此恳切，于是就允许他陈述，结果事情发生了扭转，老板们听了他的一番陈述，发现他思维清晰、表达准确，关键还对这个职位有深刻的理解与认识，最后有很多位老板为其留灯。

敞开地说出自己的需求能用在各种场景里。恳切地说出自己的需求是对自己负责，也是让对方进一步了解你的基础。

如果一个妈妈希望孩子做什么，不要向孩子提要求，而要先试着敞开自己。比如，有位妈妈看到上初中的儿子天天打电子游戏十分焦虑，但她知道如果一味要求孩子放下手机是没有用的，只能引起孩子反感。于是她对儿子说："儿子，妈妈看你大部分时间都在使用电子产品，非常担心，怕你的眼睛过早地近视，也怕你颈椎出问题。如果手机耽误了学习时间妈妈也害怕你考不上高中，所以，妈妈非常焦虑。希望你能理解妈妈的心情。"这样的表达虽然不一定能让孩子放下电子产品,但起码会对孩子产生一定的触动。

另外,有力量的话是少而有用的话,要不然就会变成唠唠叨叨一大堆无用的废话,那样不但自己不再有权威,还会让别人产生想逃的冲动。

▍最后,放下对结果的期待

有力量的第三步叫放下对结果的期待,放下对方关于我们提出申请这件事情回应的期待。在这里有一个关键点,当你能够有力量地说出自己的需求,当你能够特别恳切地向对方提出申请,或者当你有力量地提醒对方或者是阻止对方,这个时候对方听到了你的表达,你就已经大功告成了。至于对方到底愿不愿意给我们这份支持、能不能同意我们的申请不是我们能控制的,所以,"放下"是很重要的。

"放下"的这种心态就是允许任何结果,有机会去争取没有让自己留遗憾,别人没有给予支持也不生气,这就是一种内在的力量,是一种解脱的能量,既解脱自己,也解脱了别人。

解脱自己,是因为你不会对事情的结果耿耿于怀,因为你知道不是你提出的所有的需求,对方都能够支持。解脱了对方,是因为有时候你的需求在对方当下的状况里来说,可能还不能够帮你达成,但是不意味着他在这个当下没有满足你的需求就是不爱你。所以,只要我们在表达需求后"放下",就不会动辄给对方戴帽子、贴标签。

我们表达的目的就是为了把自己表达出去,让别人、让这个世界了解我们。当我们表达完了,对方了解我们了,我们就已经达到了自己的目的、大功告成了。

无论对方是谁,表达时一定要秉承这三点,即:"我是我""我敞开""我放下"。只有这样,你才能够有力量地说出你的需求,冲破沟通的阻碍,让整个世界了解你!

拒绝的话这样说，对方听了会感谢你

沟通中最难的事就是拒绝别人，拒绝意味着不合作，意味着没有按照对方期望的进行，意味着扫别人的兴，所以大部分的拒绝会带来一些不好的体验。而不会拒绝带来的负面影响也非常多，本身该拒绝的时候违心地答应了下来，结果往往变成了费力不讨好。所以，如果会拒绝，不但能够让自己轻松，也会让对方听了不反感。

不会拒绝别人，有其背后的原因：

首先，害怕失去爱。很多人不敢拒绝自己的亲人、朋友，潜意识里会认为：如果我不答应，是不是对方就不爱我了？比如，一个人如果从小生活在没有爱的环境里，遇到一个亲人朋友提出要求的时候，会委屈自己去迎合别人，很难说出"不"。

其次，害怕冲突。很多人害怕冲突，往往也是因为在自己过往的成长中经受过冲突给自己带来的恐惧和不安全。比如，父母争吵，从小印刻在记忆里的这种冲突的恐惧感会让这样的人长大后不太会拒绝，因为他会想：如果我不借给他、不答应他，对方和我争起来，会和我引发冲突。所以宁肯让自己委曲求全，也不愿意说一个"不"字。

最后，想获得他人的认可。其实这一点也可以追溯到原生家庭，很多孩子小时候没有得到父母长辈足够的认可，长大了就会各处找寻。特别想获得他人的认可，特别想从别人嘴里听到说自己"好"字。于是，就会出现"打肿脸充胖子"的心理，哪怕不拒绝的背后有很多付出，依然不去拒绝。

源于怕失去爱、怕冲突、想获得他人的认可这三点原因，我们会很难拒绝别人，很难说出这个"不"字。

我们在"创造幸福家园"线下的课程辅导过大量内在受过伤痛的学员。让他们知道爱其实是一个永远不会被失去的美好，爱永远都在，"失去爱"只是一种幻觉，是你感受不到了，而不是因为它消失了。再有，当你生命有力量的时候，你会不害怕冲突。

事实上，学会说"不"会带来很多好处。

首先，说"不"是对自己的解放，也是表达了生命的独立感。因为自己的内心并不想做这件事情，拒绝了就很轻松，拒绝以后会觉得我是独立的、有力量的。

其次，学会说"不"表达了生命的完整感。所谓完整就是人有悲欢离合，月阴晴圆缺，完整不全是美好和谐构成的。如果你和任何一个人的关系里边只能够有"好"出现，这不是一个真实的关系，它反倒是残缺的。当你拒绝别人，不去支持对方的时候不代表不好，如果对方能够接纳你的这种不好，反而是一种完整的、真实的关系。所以，拒绝别人是可以的。当我们去释放掉关系里只能有"好"，不能有所谓的"差"的时候，你就释然了。

那么，我们如何轻松地说"不"呢？一般分为四个步骤：

▌ 第一步：开宗明义

也就是清晰地表明态度：我不借，我不去，我不能，我不能这样做，我不能通知对方……如果想要拒绝就不要拖泥带水，不用解释和美化，直接说最好。一旦不提前亮底牌，就说明心里有动摇，别人也会看到你的犹豫不定，这样反而让人有机可乘，反而让自己的能量变得匮乏。如果为了拒绝别人而撒谎，更是一种错误的沟通方式，会让自己越绕越乱，讲的谎言越多最后还需要说更多谎言来圆。人生是真实的，直接开宗明义亮明底牌，果断地拒绝别人，对自己、对别人都有好处。

第二步：表达自己真实的感受

真诚地说出自己的感受，比如，告诉对方："这个钱我不能借给你，因为我借出这个钱，内心特别不舒服，我有过很多借钱的经历，每一次都让我很受伤，这个事情我跟自己约定好了，谁借钱都不借。"这样真实表达，不会因为说模棱两可的话让对方生气。不要害怕失去别人对自己的喜欢，不要试图去当别人口中的好人，我们是什么样子自己知道。不见得你把这个钱借给对方，你才能被称得上是"好人"，你是什么样子不是别人说的！所以，当你能够放下寻求别人的认可，敢于去拒绝的时候，就相当于把自己的力量从他人身上收了回来。言外之意就是，"你说我不好，我也是能接受的"。

第三步：向对方表达感谢

为什么要表达感谢呢？人在遇到困难的时候才会开口向别人求助，因为谁都有低能量的时候，所以，当遇到朋友或亲人向你救助的时候，你虽然不能在物资上帮忙，但可以感谢对方对你的信任，这是一种精神上的鼓励。所以我们要感谢他，一个人当被感谢的时候，他内在的神圣感就能够被唤醒。

第四步：祝福对方

出于遵从自己内心的真实感受，你的钱没有借给对方，或者你的人脉没有借给他用，你的影响力没有借给他，但是在内心祝福对方，释放掉自己因为拒绝别人而带来的内疚。用语言给予别人激励，尤其是当别人想要借用你的人脉的时候，你可以直接说："我们是朋友，我最了解你的能力，完全没必要搭上关系找人，以后成功了还会被人说是借了关系。凭你的实力一定能够成功。"

这样给予对方嘉许，会带给对方信心。

当你能够真正按照上面的几个步骤遵从内心说"不"，带出你应有的能量和状态，你会发现，你会突破很多阻碍，同时你也放下了很多的东西。

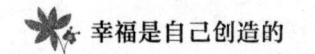

高效申请（建议）的四个步骤

有一个孩子去参加跆拳道考级比赛，由于紧张原本非常好的技能没有展示出来，十分沮丧。等所有选手比赛完以后，他走到台前对评委们说："我今天准备得很充分，但由于心情紧张没有发挥好，请再给我一次机会，我只需要3分钟，我不要名次，只想展示自己一次。"经过商议，评委们同意了他的请求，结果他的表现非常完美，评委们破格让他通过了考级。

假如这个孩子不敢去表达、不敢去争取，就会错失这一次机会，会让自己沮丧很长时间。

生活中很多时候，我们对美好的事情或机会内心是想要的，但出于种种原因不敢表达自己的意思反而错失了。所以要能抓住好的机会，享受美好的事物，就要提高我们沟通中的申请能力。

这个申请，既包括我们在职场事业上的申请，也包括我们在日常生活里的表达。

有一次我二姐想在周末去逛街，但父母觉得周末人多，就不想在周末去，想在家里看电视。二姐因为没有和父母达成一致的意见，搬出我来当救兵。其实在我看来，是二姐没有好好利用"申请"这种沟通方法。父母在强调不去的原因（为了看电视），姐姐解释想去的原因（与其看电视不如去逛街）。站在父母的角度来看，姐姐的表达不像是申请，倒像是反驳。所以，学会高效申请的步骤，会对我们的工作和生活有很大益处。

具体有以下简单的四步：

▋ 第一步：提出申请，亮明底牌

无论跟领导还是跟家人，提出申请、亮明底牌需要简单的一句"我要申请……"开门见山，让人直接就明白了你的意图。比如说"我要申请副总裁这个职位，我觉得我能够胜任。""我要申请这个工程，我有这个能力做好。"这样就给了别人精炼、不拖沓的印象。

▋ 第二步：陈述现状

说明你为什么要申请这个项目，比如，跟对方说："领导，目前的这个项目里，它的现状是……"描述现状是客观中立的，不能带有任何的评判。因为你一旦带有评判，领导就会想："你看，他想干这个活儿，他就数落人家之前干得不好，如果他要申请这样一个重要岗位，最起码他的胸怀应该宽广一些，怎么能够去评判和抱怨别人呢？"一旦陈述事实中立，也就代表你这个沟通是中立的，不带情绪，光明磊落。

▋ 第三步：分析原因

分析原因的过程，也是展示自己的过程。因为当你一上来提出申请的时候，领导还不能够充分地相信你可以做到。为什么？他知道这个事情有问题，但是问题的原因出现在哪里呢？这一刻，你细致地分析原因就会让领导觉得："他真的在这个事情上花了心思了，他居然分析得这么精准！""对啊！他说得真对！这个事就是这个原因，就是这么回事！你还别说，他真的是很有能力啊！这个事情的分析非常地精准到位。"

在分析原因的过程中，你就在领导的心目当中种下了一个全新的印象。很多人一生在事业上不得志，总认为没有人给自己机会！其实就是因为不懂得抓住机会，不懂得展示自己。

我曾经做过一个线上的关于"财富问题"的解答，其中有一个人就提问说："我有很棒的专业技能，我自己认为我这个专业技能就能挣到比目前收入更多的钱，但是这么多年以来，我的收入和我的能力不匹配！李

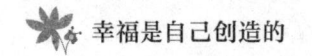

老师，我什么时候能碰见我的伯乐？我何时能够遇到良机呢？"

我当时和他分享的内容是：你不能在这儿坐着，盖着盖头，藏在一个花轿里，你等着新郎过来吗？！现在这个时代不是这样的，你应该主动去展示，主动让别人去发现你。

第四步：建议申请

这个部分正好回应第一步。为什么你信誓旦旦地说："我是最适合的，我完全胜任？"这一步就是把最开始你那个笃定的态度，变成一种客观的事实！你要有计划第一做什么，第二做什么，第三做什么。因为做了这些事情，正好能够化解上面的问题，然后创造更好的业绩！这个时候你所展示的，一定是你独到的见解，也一定是你很棒的思路和点子。领导这个时候发现，原来你不是心血来潮，而是真的在这个事情上做足了工作。

到这里，申请的四个步骤就完美地画上了句号！在这里面，既有动心的能量，也有理性的缜密；既有让自己澎湃昂扬的志向，也有做事的严谨。而这些品质，其实就是你能够胜任这个岗位、胜任这个项目所必备的。

高效申请的四个步骤，貌似是一个申请，但却是一个展现自己品质和能力的过程。

生活里很多人只是默默地干活，一直等待着领导发现。可是单纯让自己站出来和敢为人先的这份勇气，你没有展示出来，领导就不会把你放在重要的岗位上！所以为了美好，要让自己敢为人先、敢于发声、敢于去争取。

一个不为自己争取的人，就是不爱自己。你为什么付出了很多，却不允许自己把握住美好，让自己获得更多呢？

所以，为了那些你想要的美好，让自己发声，让自己去争取吧！因为，你值得！

真正表达爱的三部曲

真正对于爱的表达，是没有技巧的，是自己内心真实感受的表达和呈现。

有一次我到外地讲课，晚饭是一个好姐妹宴请的。因为彼此都挺熟悉，我们都称她的丈夫叫姐夫。这个姐夫是个特别会说话的人，哪一句都能说到人的心坎上。姐夫夸我第一句就是"你就像长在我们家的，因为我们一天到晚播放你的音频"。我一听就知道姐夫是个口吐莲花的高手。吃饭的时候姐夫端了红酒要碰杯，知道他要开车，我就说："姐夫，您开车呢！开车咱不喝酒，别喝了！"姐夫说："酒呢，我可以不喝，但这个杯啊，必须要碰啊！"我一听，就觉得他真的很幽默。他们夫妻感情特别好，用他们夫妻的话说，就是两人互相点赞、彼此夸奖经营出来的。结婚很多年，一儿一女都大学毕业参加了工作，但夫妻俩的感情却一如当年。

还有一个例子，也是我的一位学员，她是位医生，与现任丈夫是重组家庭，丈夫疑心重，对于她的所有正常交往都不放心，两人经常争吵，感情经营得疲惫不堪。细打听才知道，丈夫的疑心重是缺乏安全感，但根源却在妻子身上，因为她从来不会对丈夫"说好听的"，什么难听说什么，两个人经常出现的状况就是"杠在一起"，最后导致夫妻俩的感情出现了危机。

两个案例都指向一个问题，就是会不会用爱的表达去拉近彼此之间心的距离。所有表达的核心都是为了表达爱，为什么有人不会呢？很多人在用完全不是爱的语言在试图表达爱。这就叫作逆流，是背道而驰的！

我们很多人平日里表达用的都是什么样的语言？控制的、嘲讽的、评判的、抱怨的，甚至于在气头上的时候还诅咒过对方！这是我们的目的吗？我们就是为了嘲讽他、抱怨他吗？你问问自己的心，你要的是这个结果吗？

我们让自己很生气、很情绪化地说出了那些抱怨、评判、指责、嘲讽，甚至是诅咒的话，其实不就是为了得到爱吗？但是我们所有的举动，所有表达的方式，完全去到了相反的方向。

生活是个回向标，但凡是你给出去的，终究会再次回来！所以在生活里，如果你想要什么，给出去就好了！

我在给学员做问题解答，做个案疗愈的时候，其实就是走的这个路径。

很多我的幸福导师很好奇，问我说："李虹老师，你为什么做个案能够这么精准呢？什么样的问题到你手里，你都能够手到病除，都能够把他的问题化解了？我们怎么觉得这千头万绪的，好难啊！怎么到你的手里就变得这么简单呢？"我说："你不要被问题给蒙蔽了，你永远不要忘了你需要什么就行了。你知道你需要什么，你就知道对方需要什么，你给到他需要的，他有了能量，自然被疗愈！"这是一个必然的结果。因为你的方向是对的，你根本就不需要担心那个结果。

所以，爱的表达是有方法的、有路径的：

▌ 首先，聆听对方

你需要被关注，你就先去关注别人。你需要被听到，你就先去听别人。我们在讲话之前，一定要先成为一个最好的聆听者。你千万不要说，"我准备了很多的话，我想和你说"。有时候，彼此的连接不在于我们先讲了什么，而是在于我们先听对方讲了什么。人人都急于表达，却很少愿意安静地做个聆听者。

所以某种程度上来看，一个人聆听的品质，其实就代表了他爱的品质。聆听指的是彻底地把自己放空，在那一刻，你所有的注意力都在面前这个人身上。你要注视着对方的眼睛，他在讲话时，你能够感受到他。感受到他，你才能够在合适的地方、在恰切的点上给予对方爱的回应，比如点头，或者简单回应"嗯""是的""我懂，我理解"……就像我在《幸福能量文》里说的，"所有的聆听者都是慈悲大师"。因为聆听的是爱，带着爱的能量，我们才能真的听到。如果你没有真正在聆听一个人，对方是完全能够感受出来的。这个时候，无论你想说多少貌似很漂亮的话，都没有用。生活中，女人要的其实不多，只希望自己爱的人能够关注她；男人要的也不多，只是渴望自己爱的人能够看到他。孩子有时候不和父母谈心，不沟通，不是孩子有了问题，而是父母没有学会倾听他们的心声，导致孩子慢慢关闭了想要沟通的欲望。

所以，请带着你的爱，张开你的耳朵，给对方时间去聆听他，无论是孩子，还是伴侣，因为你只有听了，你才能懂。

▌ 其次，理解对方

最高级的慈悲就是理解。万事万物所有问题，如果被理解就会使问题化解。因为理解了别人，你就会知道他所有的反应和感受是那么的理所当然！我们很多人为什么没有了慈悲心呢？就是因为不理解，从而容易产生评判。我们不理解对方，就会说："你看你这个人怎么这样？真是奇了怪了，你就和别人不一样，你怎么会这样反应呢？你怎么能这么想呢？这件事情，你怎么能这么做呢？你真是好奇怪啊！"这就是我们的评判。

评判是用自己的方式在看待对方，想把对方看成是自己。而理解恰恰是反过来的，能够交换立场，换位思考。当你理解了对方，你就会把他的行为反应视作正常，就不会觉得奇怪！

所以，我们需要对生命有一种更大的关怀，叫作一切皆正常。任何人和我们都不一样，当我们放下了自己那个标准，就更容易去理解别人，更容易放下评判，把别人视为正常。当你真的透过聆听理解了对方，他讲话的时候，你就会不由自主地点头，发自内心地回应对方："对！我理解""知道了！""我明白"。

▋ 最后，大声说出你的爱

我们中国人在表达爱的时候，不见得会说："老婆，我爱你！""老公，我爱你！""爸/妈，我爱你！"我们可能也不太适应这种表达方式，这是可以理解的。可是当你聆听了对方、理解了对方，然后你知道对方需要的是爱，这个时候你就要把你的爱表达出来。对别人表达理解、赞同、支持、信任、感恩这都属于爱。比如，跟孩子说："我理解你，你放心去做！""我支持你，孩子！""我知道老师今天叫家长，但是你记住，妈妈信任你。"再如，回家之后，爸、妈给你包了饺子、包子，跟他们说一句："爸、妈，你们做的包子、饺子是我吃过最美味的！走到哪里，山珍海味都顶不了这一顿饺子！"然后再表达一下感谢："妈，谢谢您！您看您闺女/儿子都这么大了。回到家还给我包饺子，我真的太幸福了！谢谢妈！"看，像这样说出来，多美好啊！

很多人常常放着这些好话不说！反倒亲人之间彼此扔"炸药包"，扔"重型杀伤性武器"，互相攻击、抱怨、评判、怀疑、诽谤，甚至诅咒。比如，"你还行不行？到底你想干吗？""嫁给你算倒霉了！""怎么生了你这么一个孩子？！""爸妈你们管我干吗？你们管好自己了吗？！"……你要的是这些吗？你到底想在生活里得到爱，还是想制造敌人？

所以你就问问自己，我到底要什么？！如果你要的是美好的，那就先把这些给出去。先聆听，然后理解对方，随后发送出我们爱的表达！

我们生命的最高品质就是为爱发声，爱就要大声说出来！所以，你要去表达你的关心、支持、理解、认同、赞美、感恩和祝福！

避免沟通障碍，提高社交竞争力

沟通最核心的作用是提高社会竞争力。虽然沟通和竞争没有任何关系，但却因为会说话，让人听了舒服，从而能够提升自己的影响力，实现与更多人建立连接，赢得更多的机会。

竞争力不是如何跟别人争，而是如何让自己变得更好。在这里，我们没有比较，也没有排他，更没有做区分，一切只关乎于自己。

所有听过我课程的学员都知道，生命的修行只关乎自己，因为外在没有别人，一切外在的呈现，都是来自我们内在能量真实的投射。所以，我们怎样才能得到更多人的喜欢？很简单，就是要向更多的人敞开心扉，和更多的人连接。

很多人会说，为什么我一到了某个场合，和别人讲话就发现没什么话可说；打个招呼，三言两语就各自闷声不说话了，不知道到底要怎么样才能和别人有得聊。有些人会自己寻找原因，觉得是不是因为自己见闻少，没有什么谈资，所以和别人没有什么共同话题。当然这是一个原因，但只占很小的一部分，真正无法与别人谈得顺畅的原因大多是急于想说话，而很少去倾听；还有一种可能，自己不太容易敞开，造成了无法与别人产生能量共振。

影响沟通的有以下几个方面：

沟通中的三堵墙

1. 否定别人。

我们经常发现身边有不少"杠精"，不论别人说什么话，上来就是

"你说的不对，不是这样的"。比如，老公兴高采烈地当着全家人在那儿讲述："我的那个朋友某某，他可仗义了，怎么样，怎么样……"话音刚落，妻子接着就说："他说得不对，他那个朋友哪是仗义？那个人就是特别会来事，不是对谁都这样，就选着有用处的人才会这样。"大部分人都有否定别人的习惯，只是自己没有发现而已。否定别人，就相当于在自己和说话者之间垒了一堵墙。

2. *打断别人*。

打断别人就是没耐心，比如，有人正在讲话，你立刻就说，"咱们先别说这个，你看，这个事大家表达一下，怎么……"或者有人正在说一件什么事情，你立刻打断，"等会儿，等会儿，有个事先问一下大家，咱们今天晚上怎么样……"习惯性打断别人，除了缺乏耐心还有就是缺乏修养。被打断的一方当然会非常不舒服，打断别人的也会有损失，因为你无法清晰地知道别人要表达什么。

我爸讲话非常严谨，事情的起因、中间的经过、后来发生了什么，完了还会和你说，他需要你做什么、怎么做……

在我年轻的时候，性子有些急，总是会觉得，我很聪明，前面的这些话我已经理解什么意思了，然后不等我爸说完就打断他："爸，你不要说了，你就直接说你需要我做什么？"每当这个时候，我就觉得我爸自己讲话的兴致骤然削减了，甚至有不再讲话的兴致了。

最初的时候，我和几个姐姐私下里还讨论说"你看咱爸真有意思，说个话老担心我们听不明白，实际上我们早就听明白了，你说把那个细节一五一十说得这么仔细干吗？我们已经知道了，你就说要干啥就行了"。

等到后来，我才理解了，其实有的时候，他这么来说话，并不是怕我们理解不了、不清楚，而是希望他能够跟我们有更长的交流时间。因为在这个交流里，他能够感觉到我们在一起。

从这点上我们可以去觉察自己的沟通能力，是不是爱打断别人。尤其对于一个思维缜密的人来说，只有完全听完对方说什么才能懂别人真正的需求。

我经常会在手机上接听学员的电话，通电话的时候，我就会跟他说："我这会儿只有20分钟的时间，如果你有什么事情，你最好在20分钟之内把它说清楚，因为接下来我一会儿有线上的课程，希望你能理解，谢谢支持。"这里要注意，千万不要在别人说话中间去打断别人，别人说得兴致正浓的时候打断别人，就很像人家看电视看得好好的，你立刻给人家换了一个电视剧的频道一样。

3. 质疑别人。

质疑代表不信任、不支持。也就代表两人之间的沟通缺乏共鸣，就是我们常说的"话不投机半句多"。被质疑的一方也会失去再往下继续谈话的欲望，两个人同时关上了沟通的门，又怎么能够沟通得好呢？所以，如果你想在社交场合，或者在各种关系里有一种圆融的关系，你就不要让自己总处于一种质疑的状态。

有一次，我女儿就因为奶奶对她的质疑让她不开心。奶奶担心她没去上辅导班，于是在她去上辅导班的时候，十分不放心地跟她说："你去了吗？你真的去了吗？你有去上辅导班吗？你如果到了的话，你在课堂上给我发一个视频……"紧接着我女儿就说："多奇怪，正上着课呢，人家老师都在那儿看着，我举着个手机在那儿拍照，你想想，全班同学不觉得我是个怪物吗？"

在亲密关系里，质疑是一种强大的破坏力，在质疑里面，表达了两种不和谐的声音：第一个是咱们俩之间没有共鸣；第二个是表达了不

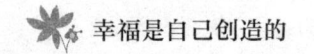

信任。

以上所说的三点,是我们日常沟通的障碍,也是我们在沟通中容易产生矛盾的三个负面能量。那么,该如何去化解呢?

我们要有自我觉察,看看自己日常跟别人的沟通交流中,有没有踩到上面所说的这三个雷区?如果有,那就不用问了,日常自己沟通不畅,可能就是出在这个问题上了。

所以,不要单纯把沟通交流看作是一个显示口才或才华的方式,而应该把它看成是一种学习成长的机会。

沟通中的三座桥梁:

1. *好奇多问*。

"敏而好学,不耻下问",这不仅指学生的学习态度,也指我们日常生活中一切能力的提升,做一个好奇多问的人,不是无知,反而是一种礼。就像孔子那样的圣人,入太庙时对不懂的每件事都要问。好问也是对说话者的尊重,证明你对别人的语言感兴趣。

2. *寻找共鸣*。

寻找共鸣,就是两个人之间如何觉得亲近?比如,我们是同乡、同学、都喜欢某个作家、都喜欢某类型的音乐等,这都是共鸣,可能拉近彼此之间的亲近感,利于打开话题。当然共鸣里面也有一些规律,比如,女人之间比较容易产生共鸣的,一般都是孩子、化妆品,如何显得年轻、口红的色号,等等;男人之间的共鸣点,一般都是政治、经济、足球等。

3. *积极认同*。

每个人都渴望被认同,如果沟通中能够及时确认对方、回应对方,比如说"你讲得太好了""你说的这个观点非常新颖""你说得太有道理了"这些话就是认同。

在沟通交流中通过好奇、多问,我们会有更多的老师;通过寻找共鸣，我们会有更多的好友；通过积极认同，我们会有缘遇见贵人。

这样一来，一个老师多、朋友多、贵人也多的人，社会竞争力自然也达到了一个很高的层次。这样的人，在社会里会有更棒的人缘、更好的机会，以及更多的智慧。

所以，不要说"我不会讲话"，也不要说"我不擅长"，坦白说，这都是我们不愿意学习和改变的借口。

一定要记住，生而为人，表达就是我们绽放自己的一个很重要的方式。为了自己生命的精彩，也为了让我们身边的人感觉到更幸福，我们必须要让自己开口讲话，为爱发声！

如何协商，让合作更高效

很多合作的前提都离不开沟通，因为双方需要靠彼此协商才能达成合作的意向。有些人可能会害怕跟别人协商，怕对方会不同意自己的要求，怕协商的结果不理想，怕自己吃亏，等等。其实，协商并不是斗地主，你拿一个牌，我也拿一个牌，然后两个人比大小，协商指的是我有砖瓦，你有泥沙，我们两个在一起盖起了高楼大厦。

在协商里，没有人是损失的一方，协商一定是共赢的。所以协商是一件非常美好的事情，通过协商，你比原来更好了，我也比原来更好了；你得到的比原来更多了，我得到的也比原来更多了；你的结果比以前好了，我的结果也比以前好了。这就是协商应该达到的效果。

所以，协商只有一个结果，就是协商的双方都能通过协商得到更好的结果、得到自己的最佳利益。

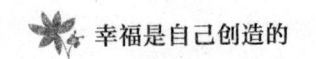

协商有几个步骤：

▍第一步：先了解对方的观点和诉求

首先协商要做到知彼，就是了解对方。很多时候我们协商不成功，其实就是因为我们根本不知道对方所有的观点、需求和顾虑，我们根本也没有在意。准确来说，我们并没有把对方的感受和对方的利益放在心上，而只是想让对方答应对自己好的条件。如果协商只是单方面受益，这种协商往往很难达成。所以，协商的第一步就是要在意对方，了解对方的观点、需求和顾虑，听听对方担心什么、想要什么。

▍第二步：表达自己的观点，表明自己的诉求

我们要很清晰、精准地去描述自己的需求。很多人在协商过程中对自己的需求捂着不说，而是直接抱怨："我容易吗？我多难啊！谁管过我？谁想过我的立场？你说我现在搭上钱，受着累，还没人理解，这怎么干？没法干……"

抱怨是一种负能量，等于还没开始就让自己失去了格局。所以，说话之前问问自己到底要什么？我要的是让自己陷入一种受苦、受伤、受害的负能量状态里吗？当然不是！因为我们希望通过协商让自己成为人生大赢家啊，我们想通过协商让自己品尝成功的喜悦！既然如此，在表达自己观点和诉求的时候，一定要非常兴奋地带着喜悦感地去跟对方分享，分享你的观点、你的诉求，告诉对方在这件事情上你的顾虑是什么。

一定记得，表达自己的需求，一是一定要有真诚的态度；二是要有理性的表达；三是要精准和明确地告诉对方自己的诉求。

▍第三步：创造共赢的方法

需要清楚知道，协商由谁发起的就由谁来主导。如果你是发起协商的一方，你说完了自己的诉求之后，如果双方互相理解，那协商会非常顺畅、和谐。但如果对方是容易急眼的那种，你虽然理解了他，但他不见得能够理解你，这个时候你别说，"凭什么呀？我都理解你了，那你就得理

解我，那你要是不理解我，我也不要理解你"。这样就如同小孩子闹矛盾，你说了我了，我就得骂你，你不理我，我也不理你，你不和我说话，我也不和你说话，而不是成人之间协商问题的做法。

所以当你表达完诉求后，尤其是双方存在分歧的时候，对方可能会想："你也亮了底牌，我也亮了底牌，这会儿是不是要斗地主啊？"所以，立刻要告诉他，"你放心，咱们好好协商，保证会确保你的利益，甚至比这个更好"。先把这个话告诉对方，打消他的担忧和顾虑，让他觉得安全。只要觉得自己是安全的，甚至还有好处，他就会敞开心门去听、去沟通。让协商的结果变成新的东西，绝非是 1+1=2，而是 1+1>2。

第四步：描述共赢的结果

我们在引导和说服对方的时候，心里就要有一些思路，给了他一个新的方向，在这个新的方向里，可能他还觉得"我没有得到好处，我只是觉得我丢了一个苹果"。所以，你要让他知道，通过放弃一个苹果他可以得到一棵苹果树，而这棵苹果树又会结出多少苹果，而这些苹果的种子种到地里，又能长出多少苹果树……

所以，在描述共赢结果的时候，你必须要绘声绘色，要非常形象、非常具有诱导性，要让他对拥有那棵苹果树的画面蠢蠢欲动、按捺不住激动，以至于对方开始欢呼："太棒了！我真的想要，我太想要那样一个结果了！"这个时候，协商就达成了。

在这四步里面，最重要的是第三步。在第三步时，不要遇到对方不同意就立刻退缩。协商就像打乒乓球一样，高手过招，一个球可能都需要打二三十个来回，一定要有足够的耐心。

协商不仅能够用于职场，还能用于我们生活的方方面面。和爱人、和孩子、和父母、和朋友同事……所以，掌握了协商的四个步骤，你将会给自己的人生打开很多幸福的大门，你会让自己人生的路越走越宽，并且你会创造出很多的奇迹和美好。

掌握这四点，让你的影响力倍增

说到影响力，很多人会觉得自己就是普通人，哪来什么影响力？其实每天在我们生活当中都会展现自己的影响力，在工作中可能会影响到同事、领导、下属、客户、合作者，在家里会影响到伴侣、孩子、父母及其他亲属，在社交上会影响到朋友，甚至陌生人。只是很多时候我们都没有觉察到，是自己的影响力在起作用。

我们每个人都有自己的影响力，只是当场合、对象不同的时候，我们影响力的强弱就会不同。而且随着自己能力和见识的增加、胸怀和格局的扩大，以及智慧的增长，我们的影响力也会不断增大。比如，很多人一说话别人就喜欢听，而且还会按照他的指令去行事；而有些人想要说服别人却难如上青天，这其中本质的区别就在于沟通能力不同造成的影响力不同。

如何通过沟通能力来提升影响力，是值得我们探讨和学习的。

一、投其所好，儆其所恶

说服别人，有一个很简单的原则，就是投其所好、儆其所恶。"投其所好"就是要激发对方内在向往美好的那个内驱力，让他自己去动起来，而不是你在后面推着他。你的希望哪怕再美好，一旦没有让他感觉到向往，他就不会行动。

比如，一个先生不爱运动，身体出现亚健康状态，如果妻子说"你要健身才能健康"，或者说"你是家里顶梁柱，一定要保持健康的身体啊"，这些在丈夫听来都是妻子想要的，而不一定是他想要的。

他可能会说："我挺健康，谁说我这样不健康了？生命就在于静止，乌龟成天不动，不也是活得长寿吗？"或者他会说："为什么让我健身啊？你嫌我身材不好啊？嫌我身材不好，你找好的去，我就这样！"这个时候，你就会很生气，抱怨对方不懂你的善意。

你说的没有问题，你盼他健康也没有问题，你只是在说的时候，你的表达方式错了。那该怎么说呢？你可以下了班之后跟他说："你知道吗？我今天在咱家门口的商场逛，看到那儿新开了一家健身房，我以为就是普通健身房呢，我过去一看，可把我给吸引了！那个健身房太现代了！太时尚了！健身设施绝对都是顶级的。我一进去觉得空气好新鲜啊！我就很纳闷，健身房里一般空气比较污浊，你们这儿空气怎么这么新鲜呢？人家说，他们加了氧气，加了负离子，在这里跑步就相当于在大森林里跑。这刚开业，里边全是俊男靓女，那美女的身材，穿的健身服那个漂亮，我的天哪！细腰、翘臀、天鹅臂，颜值高，每一个还都露着小腰，看得我一个女人都热血澎湃。教练也好专业！我心想，咱家里你身材的底子好啊，如果就你这身材，到那儿再练一练，估计那些美女都得看你，是不是？我觉得我也得去练练，真的是太好了！看得我太心动了！"

在上面这个表达里面，我没有说"你该去健身了"，也没有说"你总这样坐着，对健康不好，再说你看看你现在的肚子"，更没有苦情地说"你知道吗？你是咱家里最重要的人，如果你要是身体有个三长两短，我们可怎么过……"没有评判、没有唠叨，也没有哭诉，只是在不断地激发对方内在的动力。为什么要去健身？空气好、设施好、美女如云，练完了之后，你的身材、你的状态，以及那个时候别人看你的眼神……

"儆其所恶"就是警戒他不喜欢的。准确地来说，这就是利用对方的恐惧来做文章。比如，一家饭店里，到了吃饭的点去了很多人吃饭，其中就有几个家长带去的小孩子，在等着上菜的时候，这些孩子在走廊里、大厅里来回追逐……这是很正常的现象，有孩子的地方，孩子就容易这

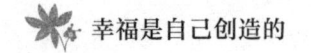

样玩。

酒店服务生在传菜的时候,看到这些小孩子跑来跑去,就会觉得很危险,而且也给自己的工作带来了不便。这个时候,如果服务生跑过去跟家长说,"麻烦你把孩子看一下",家长会管吗?有可能会管,但多半不会真的配合,而且心里反而会觉得不舒服。

"傲其所恶"这个时候就可以上场了。服务生可以走过去跟家长说:"姐,那是您家的孩子吧?太可爱了!他好聪明,刚才他在外边玩,正在捉迷藏呢,别的小朋友都在走廊里跑,他居然发现有一个房间空着,他藏到那儿谁都找不到他,我一看这个孩子太聪明了,真的好可爱啊!"先博得好感,建立连接,接下来说,"姐,给您提醒一下,这会儿正好是上菜的时候,我们酒店今天正好推出了特色菜,就是一个热汤锅,传菜的时候都在走廊里端着热汤锅,又有火,又有汤,我看到孩子们来回在这儿跑,万一传菜员不小心,汤洒了,可是有点不安全,姐,您赶紧把孩子带回来吧!"

这就叫作傲其所恶。先激发出对方爱孩子的心,再说酒店现在正在上菜,这个菜是一个热汤锅,如果小孩子在外面跑,一下从房间冲出来,传菜员看不见,因为孩子矮,一下子撞到,这个可不安全!不用说,家长一下子就会因为害怕孩子受到伤害而去积极召回孩子。

二、提供选择

说服别人要给别人做出选择的机会,而不是命令。比如,妻子跟先生说:"老公,你是吃饭之前把垃圾倒了,还是吃饭之后下楼遛弯的时候再把垃圾捎着呢?"老公可能说:"那我吃完饭再倒垃圾吧!"好了,妻子已经得逞了!为什么?因为妻子要的就是让丈夫倒垃圾。

有些不懂得提供选择的妻子可能会跟先生说:"你把垃圾倒一下吧!"先生说:"等会儿!"接下来吃饭,吃完饭了,妻子又说:"你下楼把垃圾倒一下吧!"先生可能又会回复:"等会儿!"这个时候,妻子烦了:"等会儿,等会儿,等到什么时候?垃圾都臭了,让你干点活儿这么费劲!"

妻子要的是什么?要的是丈夫主动倒垃圾。直接就问对方:"你是现在把垃圾倒了,还是吃完饭之后把垃圾倒了?"对方很可能就会回复"吃完饭"。这是他自己说的,他自己说了"我要倒垃圾",就和"等会儿"有不一样的能量。

再如,你跟孩子说:"孩子,咱们是中午一放学就把这套题做了呢?还是星期六的上午再做呢?"孩子肯定会说:"星期六上午做吧,星期五刚放学,歇会儿!"然后你说:"好,尊重你,你说星期六做就星期六做,星期五不做。"好了,沟通得是不是很和谐?实际上你想要的是什么?你心里想的是:"祖宗,你只要别星期天下午或者星期天晚上睡觉前做就行。"所以,给别人选择是一件非常有趣的事情,一般对方都会选择非此即彼,而不会选择二者都拒绝。

三、强调对方的重要性

每个人内在都渴望被重视,每个人都希望自己被特殊对待,每个人都希望在他人的眼中,自己很重要。

比如,你想邀请一个人来参加年会跟对方说:"王总,12月30日我们公司举办年会,特地邀请您来参加,这是给您的邀请函,到时候您可一定要来啊!"对方可能就会不太确定地说:"好好,我尽量,先祝贵公司年会顺利!"

因为这样的邀请并没有让对方觉得非来不可,没有让对方觉得自己被重视。那如何说服对方一定出席呢?很简单,强调对方的重要性。一上去就跟他说:"王总,12月30日我们公司举办年会,我是特意专程来找您的,您是这个行业的标杆人物,您来了代表这个行业对我们的认可,所以您来了我们才圆满。您要是不来的话,我们这个年会花了这么多的时间、精力、金钱,可真的是等于白做了!"

第二种邀请就让对方感觉到了自己的重要性。这就叫作强调对方的重要性。所以无论是有着重要身份的人，还是普通的人，永远记得，从他的角度找到他的重要性，然后把这个重要性告诉他，这个其实是对他的一种高度认同，对他而言是非常重要的。

四、诊断式说服

诊断式说服是我在上课时经常用到的，比如，我会跟学员说："你为什么需要去上'创造幸福家园'的课程？因为你缺乏父亲的力量。如果缺乏了父亲的力量你知道会怎样？这个时候，你就会感觉到关键的时候，自己迸发不出力量来，在日常当中，没有持续感，而这些都会影响你的事业和财富，所以你如果想让自己的事业、财富更好，你必须要去连接自己父亲的力量。"

如果我们自己还没想明白，却试着去给对方诊断，这是没有说服力的。所以记住，所有的诊断式说服你一定要自己先活出来。你自己在别人心目中就已经成了一个榜样，你自己的活法对别人就是一份引领，这个时候你再进行诊断式说服，就非常容易了。

这就很像一个中医专家，他把了脉，看了你的气色，直接告诉你"你的问题是……来，现在你抓药去吧"，这种说服就是诊断式的，直接告诉你问题出现在哪里，而且这种诊断是非常权威且让你信服的。

掌握了说服的技巧，能够让你的生活和工作变得更加高效和轻松，也会间接提升你的影响力，同时各种关系也会越来越融洽。

第4块幸福拼图
创造生命的美好丰盛

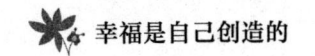

每个人都能拥有丰盛

什么是丰盛？很多人说，丰盛取决于自己拥有多少。我个人觉得，一个人是否丰盛取决于他成长的路走得有多远。如果生命不再成长了，那就是在原地踏步，在不断地重复过去。

生命真正的丰盛是在不断的成长里拥抱未知、拥抱新的可能性。所以，一个人只要不成长，准确来说，他就和丰盛无缘了。他可能会活到七老八十，但是生命中各种体验都是旧的、了无新意的，何来丰盛？

所以，丰盛代表成长，在成长的路上遇到更好的自己，以及因自我成长带来的那种安全感。

在疫情过后的那个春天，我去广州讲了一次"幸福的活法"线下公益课。去到那里让我很惊讶，我发现同样一场疫情，同样是2020年，每个人活出的生命状态是不一样的。

很多老学员见了我之后，全都跟我分享自己生命的奇迹，跟我说这个疫情里边发生了多少奇迹，给自己带来了多少的机会，现在自己感觉多么多么好……

另外有一些第一次来见我的新朋友，他们跟我分享的都是说今年疫情工作受到了很大的影响，事业受到了重创，财富方面不理想，所以压力很大，现在家庭也有问题，觉得自己快承受不住了……

我听了很感慨：一样的2020年，却活出了不一样的滋味。老学员一直跟随我的课程，他们一直在成长，一直在提升能量，所以外在任何事情的发生对他们而言都是一次全新的机会。

所以，同样是疫情，能量高的人发现很多新的机会，特别兴奋地分享说："我这次有了一个新的调整、新的尝试，过去旧的形式发生了变化，现在觉得真的特别好！"

因此，生活所有的变化，好坏与否其实都在于我们每一个人对它的解读。如果你能量高，你对它的解读就是机遇、拥有；能量低，就会觉得它是事故、灾难，是损失、痛苦。

其实，不仅是2020年，整个人生都是如此。一样过日子，有些人把自己的日子过成了诗和远方，有些人把自己的日子过成了一地鸡毛、一把辛酸泪。实际上，日子还是那个日子，最重要的就是过日子的那个人不一样。

生命是无限的，有那么多新的美好来到，我们为什么还要死死地抱着那些旧有的东西不断重复呢？

生命是无限丰盛的，当我们拥有丰盛的时候就会得到很多，比如：

1. 让你从恐惧中解脱。

恐惧会阻碍你拥有任何你想要的东西。丰盛会让你会体会到那种没有恐惧、没有挂碍，完全自由、轻盈的感觉。

2. 让你从导致失败的旧习惯中解脱。

如果直到今天，你觉得自己的生活还是一直在重复，还是沿袭着过去，就说明你有很多顽固的旧习惯是自己没有办法去改变的。比如拖延；比如面对任何事情，第一时间先去担忧；比如看到一个新鲜事物来到自己面前，先是去评判，然后去抗拒……

3. 让你认识到什么是真正满足，以及如何才能获得满足。

如果你的生活没有达成你想要的样子，核心关键在于你还没太搞懂自己到底要什么，或者说在"要什么"这件事情上，你不够清晰、笃定。

4. 明白"相信自己"的魔力究竟有多大。

我们要相信自己到什么程度？一定要相信到成为一种信仰。就是不管你自己现在是什么样子，哪怕你可能还远远没有活成自己最佳的那个状态，这不重要，重要的是要完全相信自己，相信自己的人对未来就不会有任何的担忧，相信自己才能激发自己的无限潜能。

5. 让你学会从焦虑和碌碌无为中解脱。

很多人没有享受到丰盛，并不是因为自己的创造能力差。其实他很有能力，能够创造很多的财富，可就是从来也不会真正去享受生活，结果他的创造给别人带来了福音，而他永远只是那个创造者。

慢慢地，他自己的生命也会抗议："为什么我只体验到了创造丰盛的忙碌，我却没有体会到这个丰盛带给我的美好？"所以，慢慢地就没有动力了。

所以如果你创造了丰盛，却无暇体验，那所有的创造都无意义！你也算不得过上了丰盛的生活。

6. 从自我否定中解脱。

从此以后，你再也不会有自我否定、自我怀疑、自卑，以及对自己的不接纳，取而代之的是自我确认、对自己的深信不疑、对自己全然接纳。

你会变成一个"自恋狂"，真正狂热地、痴迷地爱上了你自己。当然这份爱不仅仅限于对自己，而是通过爱自己，你也能够欣赏到所有生命的美好。

丰盛离不开爱，爱才是丰盛的基础。爱是感受美好的能力，当你能够随时随地感受爱，毋庸置疑，你就能够随时随地拥有美好了！

所以，丰盛的创造特别容易，你只需要调整到正确的方向就可以了。你不是没有能力，你只不过不知道正确的方法。如果你在过去错误的方式里面都还有一些创造的话，你要嘉许自己了，因为连负向操作你都有所收获，那如果正向操作结果会好到不可思议。

你真正是谁

我们的生命包含一个"小我"和一个"大我","大我"也可以叫"高我"或者叫"真我"。

"小我"指的是把自己的身体看作生命的全部,然后所有对生命的认知都来自头脑层面。

首先,把身体看作自己的一部分,就避免不了会有一种认知:每个人都是会死的,总有一天会从这个地球上消失不见。当人离开身体时,我们的大脑也就彻底停止工作了,所以我们把这个叫作死亡。这个部分的我们是有限的,也是受限的。比如,你是男人还是女人?你是做什么工作的?你在哪个地方?你是你父母的孩子、是爱人的伴侣、是孩子的父母、是自己家人的兄弟姐妹、是朋友的知己、是某公司的高管/经理/创始人……所有这些都是你在各种关系里的身份。

其次,你也会把自己一生所经历的一些情境、体验当作自己的一部分,所以你一介绍自己就会叙述你过去经历了什么、发生了什么。

再次,你还会把自己所积累的有形的东西看作是自己的一部分,比如有多少钱、多少房子……

最后,你还会把别人对自己的评价看作成你自己的一部分。比如,美誉度、社会影响力、领导力、感召力等。以上这些,就是"小我"对你自己的认知。

这些并不是真正的你自己。因为所有这一切是会变的,而且都可能会离开你。比如,催眠术可以让一个人抹掉记忆;一个孩子如果从小被抱养就会失去之前对亲生父母的记忆。

那么,既然"小我"不是我,真正的"我"是谁呢?

我在过去二十年里,走了无数的地方,花了巨额的资金,就为了干一件事:找到我自己。

我知道,这个旅程你或许也走过,只不过你可能还没找到。你一定曾经在某些时刻有过这样一些感觉:好奇怪,明明身边都是人,可还会觉得孤单;明明就在家里,身边都是自己的亲人,但还是觉得自己好像无处安放;明明每天忙得不得了,可到了晚上,心中却会感觉到空、感觉到失落、感觉到无名,你甚至在心里问过自己:"我到底在找什么呢?"

当你的眼睛扫过这些文字时,文字好像静静地回到自己的内心,用你的心来好好地感受。这些文字,其实就是专门为你而写的,甚至就是从你的心里流淌出来的。你已经走了很长的路,到了这一站,是时候停下来去深入地了解一下自己了。

我想告诉你,如果你把你的身体、你的角色、你外在的拥有,以及别人对你的评价当成自己时,在你自己生命的底层就会有一种挥之不去的感觉,这种感觉就叫恐惧,就是那一种害怕失去的感觉。

因为特别害怕自己会失去健康、失去青春、失去爱、失去……所以,在情感关系里你就有很多的纠缠、控制、争斗。

你在用唠叨、控制、大喊大叫不断地要求孩子,其实都用不着孩子烦你,你自己都挺讨厌自己这个样子,对吗?可为什么你还是要唠叨、要控制、要大喊大叫?因为你害怕,害怕对自己的生活失去掌控感、害怕自己的未来不够好、害怕孩子的未来不够好。

就是因为这一份害怕失去,你把自己的日子过得很累,而且结果还很糟糕。因为害怕失去,你想牢牢地抓住,可是这一份"抓",不是变成了对别人的伤害,就是反过来伤害了自己;因为害怕失去,你不断地想去抓住对方,最后使得对方反抗你、远离你;因为害怕失去,你想紧紧地抓住，结果变成了一种执着、一种压力、一种焦虑！

这个恐惧要怎样才能消除呢？

先让自己做一个深呼吸，然后去感觉一下你的身体。感觉一下你的右手，手不要动，只是去感觉你右手的手心，你感觉到了什么？有没有感觉到有一股生命的能量，正在那儿跳动？就好像有电流穿过一样，也像无数个小针尖在那儿跳动？再去感觉一下你的左手，是不是在你的左手心也有能量在跳动？去感觉一下你的心，除了心跳，有没有感觉到在你心的位置也有能量不停地在流动呢？

所以，你是谁呢？你就是这个充满着生机的、生生不息的、鲜活的生命能量。

那这个生命能量是什么？它既是能量，也是爱，也是光，这才是真正的你！

你是你生命的主人，你是你生命的创造者！如果你不能这样从能量的源头上来连接自己，你生命里所有的改变就只是小打小闹、小修小补，而没有办法进行彻底的蜕变。

从此之后，你不再会有任何的抱怨和借口，你也不会有任何的畏难和退缩，你有的就是让自己无所畏惧，所向披靡！

从根源上清理恐惧

前面我们讲"恐惧"源自"小我"。"小我"就是指把所有外在的一切认同成自己，包括身体、身份、经历、拥有，以及外在对自己的评价，而这一切都是会变化甚至会消失的。

比如，你的肉身，无论你觉得它看起来多好，终究有一天会衰老、会死去。

从根源上消除恐惧的办法就是改变对自我的认知。要把自己看成是"高我"，时刻确认自己：我是无限的生命能量，我是无限的光，我是无限的爱，我可以无限地创造。其中最核心的一句话就是，我是无限的生命能量。

在身心灵领域有一句话，叫作"看到即疗愈"。就是当你看到了、看清了，就会一下子有一种顿悟和豁然开朗的感觉。所以想要清理恐惧，就要先去看清恐惧背后的运作原理。

恐惧源自头脑。而头脑不是在过去，就是在未来，很少会安住当下，这就是头脑最大的问题。

所以，我们要活在当下。当下是一种什么状态呢？当一个人在当下真的发现了美好、体验了美好的时候，他的话语就特别少，那个时候头脑派不上作用，只剩下感受和心灵的感动。

因为头脑不擅长在当下，而当你去回顾过去的时候，你的过去全都是负面的，你的感觉就会很糟糕，当你很糟糕的时候，你去联想未来，而那个未来又是经由不美好的过去想象出来的，由此你会感觉越来越糟糕、越来越焦虑。

放下头脑，用心去生活会如何呢？那时候你会发现，当你去回望过去的时候，内心里只有感恩，"真我"本能地就会发现美好，在任何的人、事、物上面都能看到美好、感受到美好。

所以，怎么才能够真正地去化解恐惧呢？

1. 关注当下的美好。

训练自己的眼睛，让自己拥有一双发现美的眼睛。无论走到哪里，都去看好的、关注好的。训练自己口吐莲花的能力，经常说一些好的语言。关注美好、看美好、说美好、听美好，不美好的事物不看、不听、不说,就这么简单。这样一来,"生产线"就变了,记忆库里的所有素材都是美好的,每一个回忆也都会是美好的。

2. 看清恐惧,恐惧都是幻象

只有消除恐惧,让心定下来、静下来,才能心生智慧,破除迷雾,找到出路。

我之前做过个案的一个孩子,他那时候14岁,上初二。有一天,他给我发来微信,先是称呼我"李虹阿姨",然后发了一串流泪的表情。紧接着他说:"李虹阿姨,我这一周经历了一个最大的精神上的摧残,我真的快撑不住了。"我问他发生了什么?他说:"这一周老师一直在说,'你如果学习不好,你就没有出息了,你如果学习不好,你的人生就毁了,如果现在不努力,你的人生就完了。'"

一个14岁的生命,他来到这个世界,是为了体验美好,是为了绽放自己的,是为了活出独一无二的自己的,可是却一路被父母、老师吓唬着长大,让孩子恐惧到怀疑人生。

我们很多人也像这个孩子一样,曾经被输入了太多关于恐惧的信念,被吓唬着长大。结果,长大后就变成了自己吓唬自己。

所以,生命里那些所谓的恐惧,等到你经历了,你会发现真的没什么大不了。我也希望当你在未来的人生里遇到一些状况、一些挑战,遇见了一些所谓的难事的时候,告诉自己,没什么大不了!想想当初你认为难以跨越的那些坎,现在看来是不是都不值一提。

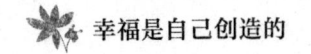

情绪管理术

很多人常常忽略、压抑自己的感受或忽视自己的情绪，逃避问题；还有些人却严重的情绪化，动辄大发雷霆，控制不住情绪，过后又陷入自责和内疚之中。

情绪究竟是什么呢？情绪，是身体对思想的反应。一切的情绪，无论是高兴、开心、兴奋，还是紧张、焦虑、恐惧、悲伤、愤怒，都是思想和念头的产物。如果人没有念头，就不会产生情绪，比如植物人。

情绪不是本能。本能是指身体对外界情况做出的反应，比如一个飞虫向你飞来，你的眼睛本能地就会合上。或者说当有危险降临的时候，人就会产生强烈的本能反应，比如心跳加快、血液循环加快，让自己能够快速地奔跑，或者是快速地做出其他反应。

情绪是身体对思想的反应。比如，你好端端坐在家里，开着空调、喝着热茶，很舒服，可是忽然间你想起了一件不愉快的事，立刻就开始有了一些反应，你开始生气、愤怒，或者忽然间感觉到孤单、悲伤。

按说在当时那个情境里什么也没发生，你只是在家好端端地坐着，你脑袋里的那些事也没有正在你的眼前发生，为什么还会有那样一些情绪反应呢？这就是思想在起作用。

负面情绪对身体会产生哪些影响呢？

负面情绪会干扰身体平衡，恐惧、焦虑、愤怒、怨恨、悲伤、仇恨，以及极度厌恶、嫉妒、羡慕、自卑、内疚这些负面情绪，都会阻碍能量流向身体。

如果情绪卡堵了，就会影响能量流向身体，从而也会影响心脏功能、免疫系统、消化系统，荷尔蒙的分泌，等等。所以，现在医学界也越来越多地知道负面情绪和身体疾病之间的关联，意识到负面情绪会严重影响身体健康，对身体造成伤害。

当情绪流动的时候，浑身发热，整个身体都处于温暖的状态。而情绪不好的人，不是这里疼痛就是那里麻木，"痛则不通"就是这个道理。

负面情绪就像病毒一样，会影响你所接触的人，并且在同一时间，可能经由一连串的连锁反应也影响到无数你不认识的人。比如，一个空间里只要有一个人情绪不好，如小孩子哭闹或者两个人吵架，整个空间的空气都会变得特别凝重，让人觉得透不过气来。可如果有一个快乐的人，他的出现瞬间就好像明媚的阳光照进屋子，所有人都会感觉到开心、轻盈。

你虽然触碰不到情绪，但它却是真实存在的，而且能够影响你周围的人。因此我经常跟我的学员和平台的合伙人们说："我们只有幸福自己，才能幸福家庭，最后幸福中国！"

这句话不是一个口号，而是一个真正的原理。如果你自己都不幸福，无论你说你有多爱别人、多付出，都是白搭，就像你感染了新型冠状病毒，到处去照顾别人、帮别人，结果是但凡你去过的地方都被你污染了。

所以，为了爱自己、爱家人，为了让这个世间更美好，你都应该做一个快乐的人，做一个有正向情绪的人。如果一个人负面情绪一直挥之不去，说到底就是一个自私的人。因为你可以不爱自己，但请不要伤及无辜。

如何化解负面情绪呢？

1. 改写信号源。

既然情绪是由思想引起的，那化解情绪就要从源头上做文章。转变思维和念头，说起来简单，但难度极高，为什么？因为这个需要具备很高的觉察力。

有人会把觉察力想象成演绎或者猜测的能力，但这和我们讲的觉察力不一样。

人与人之间相处要少依赖自己的猜测，很多关系里的争吵、怀疑，都是因为猜测了。人与人的互动，要更多地去鼓励分享、沟通、了解，让对方说出来而不是你在那里瞎猜。

经常有学员会说："老师，你怎么会知道别人的状态？你在线上又看不到这个人。"可能因为我的经验，有时候我猜的是对方自己也没觉察到的，我猜完之后会问对方"是这样子吗？"从来不会认为我猜的就是对的。

有时候可以猜得很准，是因为你花了很多时间了解你自己。每个人虽然都不一样，但人都是渴望爱、害怕失去、害怕孤单，我们都有一些基本情绪，如喜悦、愤怒、孤单、羞愧……

我对自己觉察得够多，也比较能懂得别人经历了什么、有什么样的情绪。因此最重要的是对自己的觉察，如果失去了觉察力，你就没有机会从思想上去改变自己的情绪。

2. 纯粹地体验情绪。

人为什么会有情绪？每种情绪的背后，都有一份未被满足的需求。

为什么同样一件事情，不同的人会有不同的反应呢？其实就是因为每个人内在的需求不一样。所以，情绪的出现并不是要让你感觉到痛苦，而是为了引发你去看到你自己的内心在渴望什么？具体做法就是，纯粹地去体验那个情绪。比如你饿了，你就去体验那个饿，而不需要解释为什么饿，饿了是不是很悲惨，饿了之后怎么样，是不是对身体不好？你就是单纯体验那个饿。

所以，纯粹体验情绪，就是像对待生理反应一样对待情绪。不要去想那么多复杂的前因后果，就是纯粹去感受它、接纳它。

3. 用"真我"之爱去转化负向情绪。

"真我"的出现，就是对我们最大的疗愈。因为只要"真我"出来了，爱就出来了，能量就出来了，智慧就出来了，你的心就安住在这里了。

这就是为什么我在《幸福能量文》里说，"所有遇见的问题我都能解决"。不是说我的头脑有多聪明，能够给所有问题找到解决办法，而是因为问题其实并不麻烦，只是因为问题出现时，我们没法面对自己的情绪。如果在日常生活中你出现了一些强烈的情绪，你就要去觉察"真我"在那一刻到底想告诉你什么？不要阻抗，也不要压抑和逃避，而要用一种友好、坦诚的态度去看待那个情绪。不要因为你的情绪而去指责别人，也不要在自身之外去寻找原因，而是要把它们视为自己选择的结果。

比如，如果你经常愤怒或者是烦闷，你就要问一问，它们来自哪里？我需要什么？我希望被满足什么？愤怒在告诉我什么？有什么样的信息藏在愤怒的背后？是因为没有得到他人的承认和重视吗？还是因为经常隐藏自己真实的感觉……

因此，你需要明白，你的情绪就是指示灯，是你的内在小孩在向你的"真我"（你的内在父母）求援，是为了让你去体验"真我"带给你的信息。

所以，情绪的表达是纯粹的，情绪是未被理解的表达，情绪是指针。它能够将负面能量转化成正向能量，它能引出你的"真我"，带你去探索你内在小孩的需求并去满足那份需求，从而让你回归平静与安定。

相信你自己，因为你的"真我"是无限的，你的"真我"有无限的智慧，它永远爱你超过了你的想象，所以去信任你的"真我"，把自己交托出去。

把你的情绪当作你生命的导航，它会指向你的内在，让你和你的"真我"相拥。

幸福是自己创造的

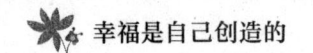

活出生命的欢愉

"感觉很好"究竟有多重要？就是那种只可意会不能言传的"欢愉感"。为了让自己能够生出更多的信心、勇气和爱，去跟这个世界完美地连接，我们就需要加强自己的欢愉力，时刻让自己感觉很好。换句话说，就是自找快乐。

很多人一生都没办法创造出美好，是因为他们从来都没有进入到"感觉很好"的状态，因为他们把大多数时间和精力都用在了制造痛苦和感受痛苦上而不自知。根据"同频共振，同质相吸"的法则，他们根本没办法吸引美好，也创造不出美好来。所以，让自己"感觉很好"真的太重要了！

1. *感觉好就是情绪好，情绪好身体才会好。*

"感觉很好"指的就是让自己处于正向的情绪中。正向情绪会让我们的身体动作更加协调顺畅，身体更加活跃，也更加敏锐。所以，当你情绪好、感觉很好时，你的身体也会处于最佳的状态。当身体状态最佳时，创造力也是最强的。

2. *感觉很好时，智商往往会很高。*

上面提到，当我们感觉很好的时候，身体的各项机能都是活跃和敏锐的，头脑往往会变得很聪明。

因此，当你要干什么，尤其是要干大事、要头脑风暴、要准备想点子时，一定要先酝酿情绪，先把自己的情绪拉升起来，因为人在开心的时候，灵感和点子就会很多。

3. 感觉很好时，创造力会很强。

在感觉很好的时候，身体状态会达到最佳，思维也会特别敏锐，同时能量是高频的、扬升的。如果你想让自己有更强的创造力，去创造美好、创造丰盛，创造一切正向的东西，你就要让自己处在很高频的情绪状态里。

那么，如何让自己"感觉很好"呢？

1. 选择快乐，你就能快乐。

快乐不是结果，是一种选择。时刻问自己："当下做什么我会感觉到快乐？看什么我会快乐？说什么话我会快乐？怎样做才能够让自己更快乐？我还能不能再快乐一些……"当你这样来做的时候，你的生命就发生改变了。原来是等着快乐，现在是主动选择、主动创造、主动体验快乐，就这么简单！所以，在每一个当下，让自己带着这种觉察和意愿，去选择快乐、美好！

2. 不压抑自己，痛快地活。

情绪是两级通达的，一个人不敢哭，就不能大声地笑；一个人不敢发怒，就不能让自己表达兴奋；一个人不敢拒绝，就不能肯定确认自己要什么……

所有的负向情绪，你都不压抑、不抗拒、不回避，淋漓尽致地体验，你的正向情绪才会是灵动的、鲜活的、有能量的。因而，现在很多人不是不高兴，是没有能量高兴；不是没有理由高兴，而是不敢高兴。

所以，快乐的时候，让自己更率真一些，率真得就像个孩子。你的笑声不需要这么矜持，不需要显得成熟和严肃，不需要显得有深度。笑就让自己纵情大笑，让你的笑声能响彻寰宇，直达宇宙的中心。

3. 从一切中寻找快乐、制造快乐。

仓央嘉措有一句经典的话："假如真有来世，我愿生生世世为人，只做芸芸众生中的一个，哪怕一生贫困清苦，浪迹天涯，只要能爱恨歌哭，

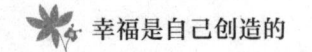

只要能心遂所愿。"生而为人，这就是极大的喜悦！

你能够这样去对待生命吗？早上让自己在微笑中醒来，入睡的时候带着微笑进入香甜的梦境中……等到有一天，真的要离开这个世界了，那也一定让自己脸上洋溢着微笑，这才叫生命的喜悦和洒脱。

快乐的时候，让自己尽情地笑、尽情地跳，像孩子一样纯净、简单。那个时候，你就回归到了生命最本然的样子。

所以，你一定要让自己处于"感觉很好"的状态里。

唤醒内在的力量

很多人认为"我不够好"，背后其实是自我羞愧感在作祟。一个人为什么会觉得自己"不够好"呢？

美国社会学家查尔斯·霍顿·库利，在他1902年出版的《人类本性与社会秩序》一书中提出了"镜中我"的概念。他认为，人的行为很大程度上取决于对自我的认识，而这种认识主要是通过与他人的社会互动形成的。他人对自己的评价、态度等，是反映自我的一面"镜子"，每个人都会通过这面"镜子"来认识和把握自己。

所以，一个人觉得自己"不够好"的这种认知，很大程度上也是来源于他人对自己的评价和态度，尤其是父母。

一个人在小时候，会特别看重和依赖父母对自己的关注和态度，父母就是自己的最高权威。所以，他跟父母的连接程度，以及他对父母的感觉，会影响着长大后他面对权威时的反应和状态。

很多人找我做个案时都会跟我说，"为什么当我面对像老师、领导这样的权威时，就觉得特别地不自信，总想往后退缩、回避，甚至害怕呢？"其实这种情况，就是因为这个人小时候在面对自己父母双方或其中一方时，都会有一种紧张、感觉到不被接纳，然后把这种感受投射到了自己成人世界里的权威角色上，就形成了面对权威人物时的紧张、自卑、退缩和害怕。

父母什么样的行为会让孩子有自我羞愧感呢？就是无论孩子做什么，父母都要去纠正和干涉。比如，父母经常跟孩子说："别跳！""别闹！""别摸！""别傻笑！""别打小朋友！""别把饭弄得到处都是"……就是一个孩子无论做任何事情，都会被阻止、被批评，或者被要求。慢慢地，孩子得出了一个结论就是：我不够好，不然我的父母为什么总要来纠正我呢？

所以，如果一个孩子时常感觉到父母对他的行为予以纠正，他就会把那些纠正解读成：我不好、我很笨，我又做错了……

随着孩子的长大，那些储存在潜意识里的信念，就开始影响他所有的行为和反应，甚至他会无意识就呈现出这种认知：我是不够好的，我是笨的，我总是做不好事情……这些就是一个人自我羞愧感产生的主要原因。

自我羞愧会带来哪些影响？

那些关于自己"不够好"的认知和观念，会给自己制造很多的紧张和紧绷感，同时也会变得不自信，削减智慧，慢慢演变成自我批评。

生活里，你内在可能会出现这种自我责备和自我羞愧的声音。它不是那么强烈，却好像一种慢性病，一点一点吞噬、消融着你内在的力量，慢慢地你发现自己变得越来越无力。

那么，如何消除自我羞愧感呢？要给自己补上从小到大缺失的自我确认和自我接纳，要更多地对自己的生命存在本身说"是"。

每个生命来到世上的时候，都是全然接纳自己。一个小婴儿来到这个世界，不管有没有人欢迎他、是否被祝福、是否被接纳，他都有着很强的自我存在感，全然展示着自己、表达着自己，该哭就哭，该高兴就高兴，也不管有没有人待见他，他的那种哭和笑都是在对生命存在说"是"！

小婴儿那种坦然松弛、泰然自若的状态，让人看了都感觉那么美好！他是怎么做到的呢？就是对自己存在的那份接纳，他根本不需要改变自己，那就是他本身的样子。

接纳自己，才能真正地根除你的羞愧感。因为羞愧感不是源于你做错了什么，而是源于你不接纳自己、不想做自己。

所以，只有当你对着镜子，接纳如实如是的镜中的那个自己，发自内心地知道那就是独一无二、完美的自己，对他没有任何评判、嫌弃和想要改变的心的时候，你才真的去除了羞愧感。

那个时候你会知道，真正的美是那么的不可思议！你可能没有戴美瞳、没有化妆，你也没有去修饰自己的脸形，做抗衰除皱，但是你眼睛里就闪耀着光，它清澈、纯净，像星星一样闪亮；你的脸上就洋溢着一种光辉，让人看了就内心里为之感动，一生难忘。你的美无法用言语来形容，因为那是你由内而外散发的，超越了任何的外在美。

这就是一个人完全接纳自己之后，所散发出来的那种美和力量。

所以，从今往后，每当内在自我评判的声音响起，立刻叫停，就对自己说一句话：我就是这样的！说这句话的时候，是全然地接纳、认同，是真的对自己的欣赏。

你要这样来看待自己，才能够真正地连接上你的"真我"，才能让自己内在的生命之光散发出来。

接纳的魔力

为什么说接纳是有魔力的呢？因为，一旦不接纳就会对抗。比如，情感关系里有一方出轨了，另一方非常痛苦，痛苦是因为无法接纳这件事情，充满抗拒。可是，事实已经发生了，你无论怎样抗拒，都不能让它像从来没有发生过。

我做过大量的情感关系个案，很多当事人就是这样，我问她要什么，她的回答就是"我要和原来一样"，我说："那你就和原来一样生活就行啊！"她说："那不行啊，他出轨了啊，我要的是他没有出轨之前的那个样子。"时光没有办法倒流，发生了就是已经发生了，可是你非得去阻抗、不接受，你说你有多痛苦？

一方面，你在费尽力气去抗拒，另一方面这个事实又根本不会消失。而且你自己也知道，虽然你不接纳，但你也要去面对，这个过程才叫痛苦，而痛苦的源头就是我们头脑里总有一个标准在衡量和评判。

为什么头脑会有标准呢？因为头脑常常不在当下，它最擅长的就是做"档案局的局长"，把过去所有的事件整理、提炼，最后总结出一个标准来。

比如，关于天气，你常常会有一个标准，就是晴空万里才是好天气。所以早上一出门，看到阴霾、下雨，你就会觉得天气很糟糕，你不喜欢。然后你就去阻抗，带着对这种天气的不接纳，一天下来，哪里不好看哪里，这个过程里你的内心何其煎熬？你心里肯定就会纠结、拧巴、对抗、冲突，甚至感觉无能为力，还有很多的担忧，这时候你的感受就是痛苦的。

再如，面对孩子，父母同样会有一个"好孩子"的标准，认为好孩子是聪明的、听话的、学习好、才艺好、长得好，在人前表现得阳光自信……头脑里有了这样一个标准，再来看自己的孩子，父母就会觉得自己的孩子有很多不如意的地方，所以就萌生出了想要改变孩子的想法。而这种改变都是打着爱的名义，"因为我爱你，我希望你更好，所以，我才要去改变你"。可这也违背生命的真相，因为孩子就是他自己的样子，当父母不接纳自己孩子真实样子的时候，父母自然就是痛苦的。

所以，悲伤和痛苦的源头就来自头脑的思考模式：有了标准，产生了分别，有了评判，最后产生了抗拒。然而抗拒也没有任何效果，只会徒增各种各样的痛苦。

你一定会问："那怎么办？怎么才能让自己的内心不痛苦？怎么才能没有那么多的悲伤呢？"答案只有两个字：接纳。

"接纳"是主动的，是能够产生正向作用的，它会把我们推送到我们应该去的正确的位置上。如果你能每天在生活中做到接纳，那我向你保证你过日子就能开悟、就能觉醒。我们为什么要去接纳呢？

1. 接纳，就是对自己的人生负责。

当一件事情来到眼前，要明白抗拒无用。因为这是一个"果"，是"因"的呈现，是我们过往的决定、选择、自我价值、能量水准等促成了这样的事情。所以，心不去抗拒，也不评判，它知道一切来到的都是该来的，一切发生的都是该发生的。接纳，是一种对过往自己的选择的一种责任承担，"不管当下的这个结果是什么，我知道是我过去种的因"。抗拒结果，实际就是不想负责，不想承认是自己创造了当下的这个现实，从而也把自己的力量和人生的主动权交出去了。一个人只有能够看到自己是"因"，才有机会真正地去掌控自己的人生。

2. 只有接纳，才能真正放下。

人生就像一段河床，河床上会有清澈的河水流过，同时也会带过来一些枯木、垃圾，无论流经你的是"清水活鱼"还是"枯木垃圾"，只要选择接纳，它们都会很快流过，不会停留太久。可如果要是选择抗拒，把那些"枯木垃圾"堵住，不停地抱怨"我不想要，我不想要"，结果就是"枯木垃圾"会越积越多，最后把整个河床变成了垃圾场，"清水活鱼"也没有了。所以，有一句话叫"越抗拒，越持续"，就是这个道理。只有接纳，才能真正放下，才能不被其持续影响和牵绊。

3. 接纳，就是打开心门，信任一切。

抗拒是封闭了自己的心，不仅把痛苦留在了自己的心间，同时也把欢乐挡在了自己的心门之外。在这个世间发生的所有一切，都可以用爱来解读，把任何来到自己面前的，都当成是给自己的礼物，既然一切都是礼物，当然要接纳。所以，接纳所展现的是对生命的信任。

痛苦就是源于不接纳。恋爱分手了，你可以感觉很难过，难过怎么办？就像小孩子一样，哭一下就好了！但是，当你认为"我是一个被人抛弃的人"，这就变成了痛苦。

在你阻抗那个痛苦的时候，你是和那个痛苦完全交融在一起，痛苦成了你，你成了痛苦。可是当你接纳它、允许它，并去体验它的时候，痛苦是痛苦，你是你，并且你比那个痛苦还大，你把它装下了，让它流动了，此时此刻，能量被转化了。所以，很多美好的特质，都是在你遇见所谓一些不好的事情里面生长和滋养出来的。

接纳是愉悦，抗拒是痛苦；接纳是爱，抗拒是恐惧；接纳是顺流，抗拒是逆流。在接纳里，你能够觉察自己，能够改变自己，能够淬炼出未知的美好品质。

世间所有的事，关键是在于你如何解读。用"真我"引领，每一件事都是爱、都是礼物、都是恩典，都是成长的机会。

如何解读，你永远可以自由选择。

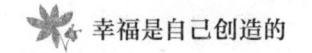

如何从知道到做到

有句话说，人与人之间最大的区别在于，有的人只是想想而已，但有的人却做了。也有句话说，最遥远的距离就是说到与做到的距离。

在现今这个时代，要明白一个道理，或学到一些什么东西，变得异常容易。现在有了移动互联网，可以尽知天下事。所以，现在知道变成了一件最最无用的事，因为光知道没有任何优势，你知道的，其他人也知道。现在什么东西变得值钱了呢？就是做到。

但是知道了之后，为什么你做不到呢？很简单，"知道"只停留在头脑理解的层面，就好像你学会了"苹果"这两个字，也知道苹果是什么科目、适合生长在什么地方，但是你没有吃过苹果，你不知道苹果是什么滋味。这个时候，和苹果相关的资讯对你而言就只是概念。

在创造丰盛的法则里，你自己本身就要处于一个丰盛的振频，比如你对丰盛的激情、你对丰盛的美好感觉、你对丰盛的值得感、你对丰盛的爱、你对丰盛真实的表达、你对丰盛的感知，就是这一切，你要做到"我就是要这种感觉"，而不是"我明白这个道理"。

丰盛不是勉强、不是抓取，而是被吸引的。如果你是一个内在丰盛感很强的人，其实就如同你的"磁力"很大，是很容易吸引丰盛来到你的生命中，就像一块很大的磁铁要去吸引铁根本不需要费力。

所以，你只要让自己进入到"丰盛"的振频里，丰盛会很容易来到，只是因为你散发着强大的"磁力"，所有在你场域范围内的，你会被你吸引。

如果你只是一块小小的"磁铁",或者"磁力"很弱,就算把一大堆铁钉、铁块放在你身边,能够吸引过来的也会非常有限。所以,你如果想让自己的财富能量很大,就必须要增加你的"磁力"。另外,要保证自己身上的"磁力"是正向的。在磁铁中,有一端是"负极",如果是把负极的一端对准铁钉,你会感觉到那个磁铁释放的不是吸力,而是排斥力。你内在散发的是排斥力,或者说向外释放的是排斥力,哪怕给到你美好丰盛,你都会本能地把那些美好丰盛排斥走。

当你成为一个内心有力量的人,你就会变得特别真实和坚定,纵有各种脆弱,却依然坚强着,没有无谓的心机和花样,不戴面具,真诚地做自己,跟随内心的感受去生活。

一个内心有力量的人,具备以下一些特质:

1. 敢于冒险。

一个内心有力量的人,他不活在想象里,也不活在放弃里,而是会真实而勇敢地去生活。生活就意味着冒险,意味着要以开放的态度去信任自己的内心。当他知道了自己内心想要什么之后,他就会积蓄力量去实现、去达成。

所以,你要允许自己的人生发生改变,并向前发展,而不是静止和稳定的。所有的冒险家都是这样,正是因为他们内心有着强大的安全感,他们才敢把自己置身于那些看似不安全的环境和状况里。因为他们的冒险不是冒失和莽撞,而是提前谨慎细心地探查过、分析过、求证过,做足了准备工作,才开始行动的。

2. 接纳一切。

一个内心没有力量的人,遇到问题的时候,要么对抗,要么放弃。选择对抗的时候,一天到晚跟所有负面不接纳的东西对抗,对抗父母、伴侣、孩子(跟孩子产生权力之争)……正所谓燃烧了自己,对抗了世界,最后发现不仅无果,反而越来越感觉到被排挤和抛弃,活成了一个怨天尤人，一讲话就冷嘲热讽的人……到最后，自己活得面目全非。一个内心有力量的人，面对一切的发生，他都是接纳的。

3. 坚守自己的信仰。

一个内心有力量的人，无论什么时候，他都会相信生命是美好的、人间是值得的。所以，不管遭遇什么，他都会坚定地去追求美好。

如果你选择成为一个善良的人，那就去坚守。当别人善良的时候你善良，当别人凶恶的时候你依然善良；当别人欣赏你的时候你善良，当别人嘲笑你的时候你依旧善良；当别人感恩你的时候你善良，当别人误解你的时候你仍然善良。如果你选择和平，那就无论别人以怎样一种冲突的方式来对待你，你都能够处于和平之中。

当你越来越深入自己内心的时候，你被真心地允许做你自己，将能量深植于生活中，接受喜悦和丰盛。

创造者的游戏

我们每个人都是自己生活的创造者。

如果一个人享受到了生命无限的丰盛，那不是老天给他的，也不是因为他运气好而得到的，而是他一手创造出来的。同样，如果一个人过得很苦、很难、很匮乏、很无力，那也是他一手创造出来的。

很多人终其一生，都只是在被动地生活着，他们根本不认为有哪件事是自己创造出来的，他们会说："我创造？有哪件事情我说了算？我出生我说了不算，我的长相我说了不算，我的身高我说了不算，连我自己的胸围我说了都不算，哪是我创造的？我的情感关系，我说了不算，如果要是我说了算的话，那你懂的……"

很多人都会有这样的困惑，认为自己只是一个生活的被动接收者，哪怕那些表面看起来乐观积极的人，也会说："我已经很不错了，最起码还蛮正向积极的，不管生活给了我什么，我总是赔着笑脸去迎接。"

很多人把自己认同成一个被动的生命，把自己认同成"小我"，认为自己是有限的，认为自己不够好。

那什么是真相呢？真相就是：你是自己世界的创造者。所有活出真相的人，都是那些轻松创造、尽享生活幸福的人。他们精通创造者游戏，在创造的游戏里玩得淋漓尽致。

那如何创造了自己的世界呢？

我们生活在同一个世界，又生活在不同的世界。"同一个世界"是指我们所处的这个客观的外在世界，同在地球上，同处于一个时代；而"不同的世界"是指我们各自体验的千差万别。

外在的世界就像一部电影，这个电影有各种各样的剧情，有时让人泪中带笑，有时又让人笑中带泪；有时让人感觉悲伤难过，有时又让人感觉温暖有爱……但不管剧情多么跌宕起伏，我们要知道，它都来自那个投影源。

我们的生活就如同电影院里的电影，而我们则是那个投影源。有人上演的是喜剧片，而有的人上演的是苦难片、悲情片。如果你不喜欢自己人生中正在上演的那部片子，你掀开电影幕布，甚至撕碎电影幕布，都是解决不了问题的，因为那个投影源不在幕布上，而在电影院最后一排座位上方的那个小黑屋子里，那里是投影源的所在。

我们就是自己生活的投影源，我们投影出来的生活，其实就是我们创造出来的属于自己的现实。我们创造现实的工具其实很简单，总共三个，即我们的思想、语言和行为。

创造的法则就是：让你的所思所念、所说所行配合起来，往一个方向走就行了。

比如，如果你想创造丰盛，你就要首先去检视一下自己的思想：你认为自己是丰盛的还是匮乏的？你认为丰盛是轻松就能来到的，还是需要很费力才能得到？你认为丰盛是生命的真相，还是丰盛只是一个美好的想象？

想要创造丰盛，第一个就要来觉察一下，你所有的思想和念头是和丰盛正向有关，还是和丰盛背道而驰？

比如，你仔细地觉察一下，你对金钱有什么样的信念？钱很难挣、钱不安全；我不是总有钱，想挣钱必须非常努力、非常辛苦、付出非常多，而且还不一定挣得到；这年头，钱越来越难挣，可是花钱的项目却越来越多；我们家里没有一个是有钱的，我恐怕也不是那么好运的……所有这些念头，都是和丰盛无缘的。

我们内心渴望美好，却总是担忧无法获得美好，这就是我们头脑的思维定式。行为上虽然表现出了丰盛，但内心里却感觉是匮乏的，那你依旧没有处在丰盛的振频里，所以吸引不来与丰盛相关的东西。

对于财富来说，创造者的意识是什么样的呢？

从财富方面来看，财富和我们互动的方式就两个：一是来到我们这里；二是经由我们被分享出去。说直白点，就是进钱和花钱。

1. 你需要去觉察自己，你是否拥有创造者意识。

比如，钱挣来了，你是感觉自己创造了那些财富，还是觉得那些财富是自然而然到来的？

创造者的感觉和创造的多少无关，无论是100元还是100万元，都会觉得自豪和骄傲，因为那是自己创造出来的。就好像做饭，无论你是包的饺子还是包的包子，作为一个创造者，你都会为自己创造的过程和结果而兴奋，心里会有一种笃定："看看，我创造的，快看，我包的！"就是这种感觉。

2. 为自己挣到的每一分钱感到兴奋。

不管你基于什么样的原因挣到了钱、挣了多少钱，你都要有一种感觉：天哪，我太厉害了！

当你挣钱了，你别说"好少啊！大头都让老板挣了，我就是给人家陪衬的"，如若带着这种想法，你是不可能让自己创造无限丰盛的。无论你挣多少钱，你首先要带出"我是创造者"的意识和欢喜。进账100元钱，你知道这是自己创造的！是你创造了那个订单、创造了那个机会，所有跟这100元钱相关的，都是你创造的。

3. 为花钱而兴奋。

很多人花钱，都会有一种割舍的感觉，总觉得钱花出去了就是离开自己了。其实从根本上来说，你的钱并没有少，因为钱花出去，一定是交换了一些对你来说更有意义和价值的东西回来了。为了把钱花出去，你创造了那么美妙的环节，不仅是购买东西，也包括你偿还信用卡、偿还车贷和房贷、偿还跟别人的借款，你是为了创造钱的流动才有了这些。

当你一遍遍去确认自己超强的创造力的时候，那接下来你的创造都会变得轻而易举。

从今天开始，你不是一个生命的被动接受者，你是自己生命的创造者！

无论过去你把自己的人生过成了灾难片还是苦情片，一切都是你自己创造出来的。如果不接纳和认定这一点，你没有办法达到自己生命里最宝贵的那个创造者的位置上。

幸福是自己创造的

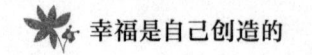

释放你封存的能量

面对自己的生活，很多人会说"这个我不是很想要，那个我也不想要"，可是就只停留在"不想要"的层面，而没有采取行动去创造自己想要的。因为常常一想就觉得很难，不相信自己能够改变、能够达成，所以干脆放弃。

就好像自己盖了一栋大楼，现在觉得不如意了，但是想想要在原来的地方推倒重修，真的太难了！而如果只是在原来的基础上修修补补，好像也不是自己想要的。所以，就只能哀叹、抱怨，一副不甘心却又无能为力的样子。

那些特别严谨、做事很靠谱、很老实的人，他们常常会看到有些人无论是做人、做事、口碑、能力、严谨程度都不如自己，可不知道怎么回事，人家就是比自己过得丰盛、自在！反观自己，每天早起晚归、认真踏实，为什么反而没有像那些人一样轻松创造财富呢？他们一天到晚看着也不敬业、不认真、晃来晃去，可是好像他的钱来得比自己多，花钱也很潇洒……

这个时候，老实人就越发强化了那个限制性信念：不见得付出的人就一定会有回报。

有些人虽然没有老实人那么严谨，做事没那么靠谱，但他们常常遇事儿不会那么较真儿，这带来一个最大的好处，就是他们不会过多地限制自己。当一个人不那么限制自己的时候，内在就会有空间留出来了。

所以，"我是创造者！"不是一句奋斗者的口号，而是真相、是事实！是可以释放自己能量的基础。

▎第一步：真实地感受自己

什么叫"真实地感受"？比如，从现在开始，只要是和钱相关的你任何的感受，都要去捕捉到它。就是当你每一次花钱、每一次收到你的账单、每一次进账……都要去真实地感受，感受自己最真实的情绪。

比如，你买一个东西要付账，你感觉这个钱不知道怎么回事，存在手里就觉得很开心，花出去了，总是感觉到有一种失去感，那个失去感其实是让你不舒服的。所以有些人不爱买东西，不是他不需要东西，也不是因为那个东西他不喜欢，而是因为他无法去面对自己买东西时要往外付钱的那个不舒服的感觉。所以，为了不面对这个感觉，他就尽量不让自己去花钱。我们在限制性的信念里输入了大量的能量，我们要把它们释放出来，把它重新拿回来，然后再输入到我们想要的梦想和现状里。

▎第二步：接受

所有的不舒服都是需要强大的能量去控制和遮掩的，你要把这个能量彻底给释放出来。所以，你需要让自己去体验，告诉自己"我接受！"无论现在你对金钱的感觉是匮乏、羞愧、恐惧还是别的，都让自己去体验个够，把一切的思考、逻辑、理智、评判、道理统统扔到一边，允许自己尽可能去感受那股让你不舒服的能量。就是一个最纯粹的动作：我接受！

这一步的核心，就是尽可能彻底地感受情绪，以及你在这个过程中看到、听到、感受到的一切，然后你就会有一个更深刻的感觉，就是：这个感受我真的不喜欢，我体验够了！然后你才会想要把那些"剧情"给剪掉，不让它们再出现在自己今后的戏里。

▎第三步：说出真相

当体验到极致的时候，在你感受最强烈的时候，去说出你的真相：这个感受很痛苦，我知道是我创造的，我体验够了，我想创造新的！

"这些状况我已经体验够了，我要去创造我更喜欢的丰盛和富足的状态，我是无穷的智慧本身，我是创造者！"来到这一步，就相当于把自己之前所有不舒服的创造戏码给推翻了。

所以，重点要做的就是先从自己过去的模式里把自己的能量释放出来。不然的话，你再怎么高呼着说"我敞开，我丰盛，我值得拥有"，都不叫务实求真！"务实求真"就是别说好听的，你必须承认你内在的匮乏、羞愧、自卑感、疑惑、恐惧和担忧，以及那种从骨子里渗透出来的不想被人发现的欲望。等到你承认的时候，就一步步把自己的力量全部收回来了。这个时候，改变才能够真正地发生。

你值得拥有一切美好

在正向创造财富的过程里，有两个核心关键：一是值得感；二是乐在其中。

如果缺失了这两样东西，你会发现，你总是会跟金钱有隔阂，你很想要，也能感觉到财富就在你身边流动，但就是进不来。

值得感是基础、是底线，因为所有的丰盛，都要匹配你的值得。就像一粒种子，它唯一要做的，就是让自己发芽、开枝散叶，然后开花结果。这个时候，丰盛就会涌入，它所享受到的丰盛，就是阳光、雨露、大地的滋养，蜜蜂、蝴蝶会为它传粉，风会把种子吹走，帮助它去繁衍。

人也一样，拥有丰盛的基础，就是发自内心笃定地相信：我值得！因为中国人崇尚谦逊，而那种谦逊表达出来，就是"我不够好"，或者"我没那么好"这几乎是很多中国人致命的一个缺陷。

很多人受到别人称赞的时候，总是说："哪里哪里，我不行，还差很多！"所以从这个角度来说，越客气的人，值得感往往越差。有一个词叫"财大气粗"，意思是一个人要是财富丰盛的时候，就会表现得很有气派，值得感很高。我觉得这个词应该反过来，叫"气粗财大"，因为值得感是基础，要有满满的值得感，最终才会财富丰盛。

有一次我出去讲课，从深圳飞沈阳，换登机牌的时候，我选了一个靠近窗口的座位。等我登机打算落座的时候，我那排三个座位，外边两个都已经坐了人，其中一个座位坐了一个年轻的妈妈，怀里抱着一个小婴儿，在她旁边的应该是孩子的姥姥。我正准备给人家说"不好意思，请让一让，我要挤进去"的时候，我一下子被那个小婴儿吸引了。

小婴儿大概有六七个月的样子，不会站，妈妈抱着他。我从来没有见过一个小婴儿脸上有这么大的一片胎记，是青蓝色的，几乎整个右半张脸全是胎记，当时我的心里咯噔了一下，因为这让我蛮震惊的。

整整四个小时，这个小婴儿的妈妈抱着小婴儿就坐在我的身边。

那个小婴儿头发短短的，看不出是男孩还是女孩，我就问他："宝贝，你是男生还是女生啊？"孩子妈妈伸出手来特别怜爱地摸摸孩子的头，像是在回答我，又像是在跟她的宝贝说："我们是妹妹，是小姑娘！"我当时心里就想：小女孩啊，脸上的胎记，未来可怎么办啊？你看，我这个人还是很爱操心的！

可是在那一路，那个妈妈是让我很震撼的。妈妈抱着这个女儿，我没有感觉到她有一丝的尴尬，或者不好意思。因为如果一个人有尴尬和不好意思的时候，她就想去解释一下，可能会说，"我们孩子怎样怎样……"她没有，你看到的就是她是那么疼爱她的孩子！

姥姥坐在靠过道的位置上，期间母女俩聊天，我听年轻妈妈说："刚才放包的时候，空姐还说'包里不要放贵重物品！'我说'没有贵重物品了'"，接着她亲了亲自己女儿的脸蛋，"最贵重的就在这儿啊！"

在那一刻，我觉得这个妈妈真的太了不起了！她的眼睛里没有任何尴尬，也没有任何的担忧，给人感觉她怀里的女儿就是世界上最珍贵的宝贝，满眼都是母爱！我当时就很敬佩那个年轻的妈妈。

当那个小婴儿经常回过头来看我这个陌生的阿姨时，我在心里去连接那个小女孩，我真的被震惊到了。在小女孩那张在世人眼中看起来并不美的脸上，甚至让人感到惊讶的脸上，有一双纯净得就像天使一样的眼睛。

我觉得那个小女孩真的是一个宝贵的天使，因为她妈妈的指引，我才有了如此深刻的一份感悟。就是在她妈妈的眼神里，我才明白什么叫"值得感"，什么叫作"存在于这里"！那是从生命的本真里散发出来的。

如果一个人不能带出如此高频的自我价值感，只是出于"自己不值得"而让自己在外在行为上去过多努力的话，是不会给他带来任何丰盛的。因为他越是努力，就越强调了他自己有多么的不值得。

当你有这样认知的时候，你就已经掉到了陷阱里，甚至一下子跌入到地狱里了。真正的值得感和外在的一切都没有关系，只和你存在本身有关。哪怕你一无是处，哪怕你穷困潦倒，哪怕你屡败屡挫，只要你存在，你就值得！

当你认为自己值得的时候，你就把自己丰盛的大门打开了。

所以，要不断告诉自己：我值得拥有一切的美好！对这十个字的确认，不仅能帮助你打开财富，更会让你在情感关系上，出现奇迹般的逆袭！

"值得感"就是你生命底层的"地板"，如果没有这个"地板"，你就会让自己不断地往下跌，变成一个没有底线的人，然后在丰盛方面匮乏再匮乏，没有一个东西能接住你。有了这个"地板"，你不仅永远不会跌到"海平面"以下，它还会支撑着你往上无限扬升！

你不需要成为什么，你才值得；你也不需要拥有什么，你才值得。你存在，你就值得！你值得拥有一切的美好！

享受生活

我们虽然都非常渴望丰盛和富足，但很多人并不是真正和纯粹地享受。因为很多人对财富和丰盛的渴望是来自欲望。

什么是欲望？欲望，就是"我想要更多"。来自欲望的，是不可能去享受的，因为其重点放在了拥有和囤积上。带着欲望去生活的人，总是习惯性地给自己制订一个目标，当那个目标达成之时，他立刻又会再制订一个新的目标，希望自己拥有得更多。

所以，很多人一生都在奔波、忙碌，在辛苦地囤积，在他的生命里也创造了很多、拥有了很多，但并没有真正去体验和享受过。

如果出发于欲望，那就是最严重的匮乏和贪婪。欲望的"欲"，是由"谷"和"欠"组成，"谷"就是未被填满的地方，如沟壑、山谷，"欠"就是亏欠。所以，一个"欲"字就已经完全表明了它的真相。一个人如果出发于欲望，就会欲壑难填。

这样的人，是不可能去吸引丰盛的，因为只有一个内心感到满足的人，才可能是丰盛的。如果一个人内心从未感到满足过，那他就是匮乏的，无论他看起来拥有多少。

第二种常见的对财富的渴望，是出发于恐惧。如若出发于恐惧，你总是会处于担忧之中。

恐惧来自什么？来自曾经体验过某种匮乏，所以总是担心未来会出现类似的状况。一个内在有恐惧的人，也喜欢囤积和积攒，但是和出发于欲望的囤积不一样。欲望的焦点，往往放在自己还没有得到的东西上；担忧和恐惧的焦点，常常放在未来是不是会有事情发生。这样的人往往很擅长存钱，但是他存钱常常出发于一个非常不好的信念：以备不时之需。

保不齐哪天孩子用钱；保不齐自己哪天身体健康出现问题要用钱；保不齐哪天可能没有收入了需要用钱……当一个人常常这样想的时候，很容易就是那些钱存着存着，忽然间就真的出现一个事情，比方说投资失败了，或者有人来找你借钱，或者真的是家里人生了一场大病……总之，就是一朝回到解放前。

这就是吸引力法则。因为你一直担忧，一直担忧，担忧的能量就散发出来了。所以，无论是出发于欲望，还是出发于担忧，都不能够吸引丰盛来到你的生命中。只有去到真正的、纯粹的享受里，才能吸引来更多的丰盛。

一说到"享受"，很多人就会有评判，甚至阻抗，认为"享受"是和努力奋斗、拼搏进取背道而驰的，认为"享受"就是好吃懒做，是坐享其成。所以，很多人在生活中，是很难让自己纯粹去享受。如果你没有办法纯粹去享受，就相当于你虽然拥有了很多的东西，但在那些东西的体验上你是打折的，你并没有百分之百和你拥有的人、事、物、情境、生活全然连接。所以，如若不能纯粹地享受，就不能匹配相应的丰盛。

那什么叫真正的享受呢？真正懂得享受并能创造丰盛的人，其身上往往包含有这四种气质，即喜气、贵气、洁气和神气。

▍喜气

一个自带喜气的人，给人感觉就是喜洋洋、喜滋滋的。越是陌生的人，就越能明显地看出来一个人有没有喜气。一个不开心的人，他可能开的车很好，穿着看上去也挺奢华名贵，但你在他的身上就是感觉不出这种富足和丰盛。真正享受生活的人，一定是自带喜气的。哪怕走在路上，他也是笑着的，即使本身不算瘦，也会让人感觉步履轻盈。所以，你是否经常觉察自己的面部表情和内心感受呢？你在走路的时候，脸上有喜气吗？你在做饭的时候，脸上有喜气吗？你在上下班的时候，脸上有喜气吗？……如果没有喜气，你绝对不是在享受，因为你并没有感觉到美好。

▍贵气

何为贵气？贵气指的不是穿着打扮、吃食用度，而是发自内心地知道并笃信，我值得拥有！比如，碰见一个东西，人家一说价格，你就会说"太贵了，咱没这个钱，怎么这么贵啊？"如果一个东西的价格真的超出了你的承受范围，第一，你可以讲价；第二，你可以不买，但千万不要说"太贵了"，这是一个很难觉察到的财富秘诀，就是永远不要说贵。不要一看到超出自己经济能力的东西，就抱怨它贵。这里并不是说非要打肿脸充胖子，或者非要通过高消费来标榜自己贵气。当看到美好的东西，你的内心如果为之所动，那并不是因为出于面子，也不是因为和别人比较，而是你真的喜欢那个东西。所以，那个当下你就对自己说：我值得拥有！

如果当下这一刻自己的经济条件不允许，也要对自己说：我值得拥有！记住，一个贵气的人，从来不会在嘴里说"我没有"，不会说"太贵了"！

去到任何场合，尤其是那些高档场所或奢侈品店，不要露怯，更不要觉得自惭形秽。不要认为那些地方的东西你根本消费不起，不用被导购那种上下打量的眼神搞得好像裸奔一样，好像你卡里有多少钱，那个导购一眼就能知道。这样一来，就显得没有贵气。当你无论走到哪儿，都能觉得自己就是那个最宝贵的，这样你在别人眼中才叫贵宾。感觉自己宝贵，这就叫贵气！一个人如果内在没有散发出这份贵气，就不叫在享受生活。当你去到最奢华的地方，也不觉得心里胆怯；当你去使用最便宜的东西，你也不觉得它廉价。那个时候，所有一切来到你身边的东西，都会因为你而发生变化，这就叫作贵气。

▍洁气

金钱是充满爱的，是纯净的。如果你内在的能量不是洁气的，财富不会和你有缘。

一个有洁气的人，不会一天到晚斤斤计较、蝇营狗苟，不会一天到晚盘算着占人便宜。一个每天工于心计的人，必定不是在享受生活，而是在算计生活。所以，越是不算计的人，越是有福的人。一个有洁气的人，和任何人打交道都不会让别人吃亏，更不会恶意地去侵占别人的利益。因而会让周围的人对他有一种深深的信任感，愿意跟他一起做事、打交道。

一个有洁气的人，内外都是通透的、明白的、清爽的，是真正懂得享受生活的人，是一个内在无比丰盛的人

神气

这里说的"神气"不是指大摇大摆、目中无人，而指的是神韵和风采。一个有神韵的人，必定源于内心的爱。一个人处于爱的中心，才会散发出神韵。所以，一个有爱的人，就是有神气的人，才是真正在享受生活的人。一个内心有爱的人，他能做到爱自己、爱他人、爱众生、爱万物、爱宇宙、爱天地、爱一切。对他好的人，他爱，伤害过他的人，他也爱；和他亲密的人，他爱，和他无关的人，他也爱。大爱之人，方叫有神气的人，也才叫真正享受生活的人。

如果你能到达此番境界，丰盛如同空气环绕着你，如同鱼儿被水包围一样。那个时候，你不会再去考虑丰盛抑或匮乏，就像你不会时时刻刻去关注自己呼吸时是在"呼"还是"吸"一样。

活出这四种境界，才叫活在美好中，才叫真正的享受生活！

吸引财富的秘密

真正创造财富、吸引财富的核心就一个字：爱！如果你在创造和使用财富的过程里，没有爱，只有追逐和贪欲，那你不仅得不到钱，还可能会有负债，或者原本积累了很多的财富，可能在短时间内就被折腾光了。

如若只是追逐金钱，那你根本就触碰不到金钱的本质。金钱的本质，就是爱！

其实很多人都误解了金钱，错解了金钱，认为金钱散发着铜臭味，认为金钱就是很没有定性，不知道什么时候来、什么时候走。对金钱的这些感知，都源于没有真正爱上金钱。

现在越来越多的人敞开了，不再认为"爱钱就是庸俗"，更多的人会吆喝着说"我热爱金钱"。可是，他们真的是在爱，还是在渴求、在抓取？

这个世间，所有关系得以建立的条件，只有一个，即爱。不要认为只有人与人之间建立起来的联系才叫关系，人与物、人与人、人与事之间的联系都叫关系，比如我们和健康的关系、和情感的关系、和财富的关系都包含在内。

所以，如果你要跟金钱建立好的关系，你就要真正地去热爱金钱。很多人在生活里还是会不由自主地对金钱有一些抱怨，抱怨它来得慢、来得少、来得不公……除此之外，很多人对金钱也是不信任的，不相信它真的会来，不相信金钱能够满足自己的需求，不相信金钱能一直保障自己的未来……

如果把金钱看作一个人，你可以觉察一下，你和它之间是一种爱的关系吗？又或者你还在抱怨它、怀疑它、抓取它？抓取就是控制，其中包括你非常努力地想赚取它，当它来到你身边的时候，你又死死地攥着它不肯撒手，还对它充满了担忧，等等。所有这一切，都不叫爱。

如若你和金钱的关系并非建立在爱的基础上，那无论什么样的吸引法则都没有用。核心关键，就是真的要去爱，要能够读懂爱金钱的本质。

从本质上来说，金钱只是为了方便交易而出现的一种媒介。真正在这个世间存在的，就是人与人彼此之间相互去满足需求、给予支持。钱来到，你接收了爱；你把钱给出去，就是在给予爱。如果你不能连接到金钱的这个本质，你就触及不到金钱的核心能量振频，从而也就没办法得到金钱。

有时候你会得到一些金钱，但是不长久，你自己都知道，你并没有真正连接上金钱。很多人为什么对金钱有担忧？其实就是没有真正连接上它。我们对待金钱的恐惧和担忧每一刻都存在：害怕它不来，害怕它走，害怕它抛下我们。

只要真正触碰到了金钱的核心本质，从此之后，你再也不用担忧了。因为你完全和它连接上了，无论走到哪里，只要这个连接在，钱就会如影随形跟着你。只要你需要，只要你敞开，只要你明确地表达，钱随时会出现在你的生命里。

如何解读金钱的本质呢？

"见钱眼开"这个词，常用来形容一个人只认钱，不认人，或者哪里有钱就往哪里钻。基本是就是一个带有贬义色彩的词。然而，如果仅从字面来解读，"见钱眼开"其实是个好事，就是看到钱就高兴、就喜悦。

当有钱来到的时候，不要说"天哪，有钱了，我成为有钱人了，我可以去炫耀了，我可以买好多东西，好开心啊，我终于有钱了，我不用担忧了"，如果你只认为钱是用来满足自己的安全感、虚荣心和欲望的，你就很难和金钱建立良好的关系。

挣钱和花钱就是一种流动,是一个爱的循环。花钱的时候,释放掉你的恐惧和担忧,释放掉"花钱就是损失"的这种信念系统,要带出你的爱。无论你是买了1元钱的青菜,你还是买了上百万元的房子,钱给出去的时候,你就要想到,那是你的一份爱,你正在传递爱,让爱循环起来,这份爱会让很多的人受益。

你在用金钱表达着你的爱,所以在那一刻,你与金钱就融为一体了。当你和钱是一体的时候,你根本就无须再为钱担心,因为只要有你的地方就会有钱。

所以,一个真正爱钱的人,在花钱的时候,他不会有割舍的感觉,也不会有优越感,认为自己是"上帝",而是散发着一种爱的气息。

无论你是负债,还是感觉到金钱的匮乏,大多不是因为你没有财运,也不是因为你没有挣钱的能力,更不是老天对你的忽略,而是因为你没有连接上爱金钱的本质,你没有真正搞明白金钱流动的法则,没有和金钱同频共振,所以你没有办法靠近金钱,金钱也没有办法接近你。

你是丰盛富足的

尼采曾经说过:"每一个不曾起舞的日子,都是对生命的辜负!"这里的"起舞",不仅指身体的舞动,更是心灵的舞动和生命的舞动。

有一次在深圳给一群女企业家讲课,她们都是实现财富自由的人,但她们内在仍有一种渴求,渴求能够活得幸福和绽放,而那种幸福与钱无关。

曾经在我的一次线下课程，我邀请了一位看上去很瘦小、单薄的女学员站到了讲台上，她那时候正处在情感纠结当中，很痛苦。紧接着，我又邀请了一对夫妻上来站到了这个学员的身后，让他们各自将自己的一只手搭在了那个学员的肩膀上。我当时就说："来，大家看一看，此时此刻，站在前边那个身材单薄的女学员忽然间有了后盾和靠山，因为父母的手非常有力地、牢牢地在支撑着她。"

然后我接着又邀请了两对学员上台，站到了那对夫妻的后面，站在那个扮演父亲学员身后的一对男女学员扮演爷爷、奶奶，站在那位扮演母亲学员身后的那一对男女学员扮演外公、外婆。随后又邀请现场的学员上台，继续往后排，扮演曾祖父母，以及太祖父母……最后排成了一个大大的倒金字塔。

台下学员的表情已经开始变得越来越庄重了。因为大家已经感受到，原本站在最前边那个看上去孤零零、瘦小单薄的学员，在她的身后，有那么多人在支撑着她，有父母、有爷爷奶奶、有外公外婆在……我看到所有人慢慢地都挺直了自己的脊背，很认真地在那儿坐着。为什么？因为他们内心升起了一种敬畏和神圣。

所有人都已经明白了，原以为只是自己一个人站在那儿，可在我们每个人的身后，有这么多和我们有血缘的至亲在身后支持着我们。

无论什么时候，你都不是一个人，而且你绝对不是那个可有可无的人，你是被家族拣选出来的，你是来荣耀家族的那个人。在你的身体里，有父母的血脉精华，也蕴含着你历代祖先生命精华的传承。

所以，就在那一刻，强大的能量穿越了时空，汇聚到最前面那个瘦小单薄的女学员身上，她的状态和一开始相比有了很大的不同，她的腰板挺得很直，甚至眼眶里有一些泪花在闪耀。因为在那一刻，她已经明白了，她不是她自己。

生命本身就是最丰盛、最珍贵的。你的生命是一个奇迹：你如何看待自己,你就会活成什么样子;你如何看待自己,生活就如何呈现;你如何看待自己,你就如何去创造,就这么简单!

在美国的一档真人秀节目中,选了一个已经事业成功,非常有钱的老板,把他发送到一个完全陌生的城市。在那儿他没有人脉、没有资源、没有产业,也没有钱,让他挑战在三个月里实现财富自由,并且达到很大的财富积累。

他没有任何过去的经验可以借鉴,没有任何过去的资源可以使用,也没人认识他,他没有任何优势,一穷二白,一无所有。节目剧组全程跟拍,就是这个人真真实实地从零开始创造,在短短三个月内,实现了百万美元的财富积累。

那个人为什么能够成功?就是因为他在骨子里就认为自己是富足的,他在骨子里就认定金钱和他是最亲密的。虽然他所有账户的钱不能够挪到这个真人秀节目里来使用,但是,他就是有这样强大的自我确认。所以,他创造了奇迹:在三个月之内创办了自己的企业,达成了自己的目标!

他最后向自己的员工公布了自己的真实身份,告诉他们自己其实就是来接受一个节目挑战的,根本不是到那里去创业的一个老板。这样一说,引发了所有人的惊叹!原来一个人参加游戏节目都可以实现财富自由,简直是不可思议!

所以,你一定要去确认自己的富足感,你不是因为有钱了才富足,而是因为富足了才会让自己更有钱!

生命的丰盛不仅仅是指财富的丰裕,而是多元的。它包括你是健康的,你的情感关系里是充满了爱,你同自己的关系是非常融洽亲密的,你有很棒的自我成长,有很幸福的家庭,有富足的物质,还有实现自己人生价值的事业。

所以,别不敢要!别认为自己是不是要得太多了。你不是要得太多,而是要得太少了！你只需要敞开自己，去确认自己，告诉自己"我值得拥有"！

　　你就是最富足的，因为你就是创造者。人的生命就是创造者的一场旅行，人的生命就是创造者的人生大戏。你来到这个世间，唯一和终极的意义就是忆起自己创造者的身份，去无限地创造，创造无限的丰盛！

第5块幸福拼图
重建与金钱的亲密关系

幸福是自己创造的

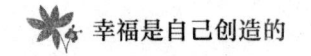

觉察自己关于金钱的认知

我们活在这个世上，要面对很多事务，比如健康、情感关系、事业、财富等。在这些事务里，我们看重什么在上面的投射就会比较多。金钱作为一种价值交换的能量来说，大部分人对其有着较多的关注，金钱可以解决很多问题，比如，钱换不来生命却可以换来更好的医疗条件；钱换不来爱情，却可以在感情上拥有更多的选择；钱换不来文化素养，却可以换来更多获取知识的途径……

事实上，钱是一种连接，钱所代表的意义都是人为赋予的，大部分人觉得钱能带来自由与安全感，也代表着身份和地位。

在换取金钱的过程中我们在不断付出，付出健康、牺牲情感，甚至错失了对孩子的陪伴，等等。有的人认为钱越多越好，而被钱所困扰，钱不是越多越好，就像一个人饿极了一下子吃得太多却成了负担是同一个道理，其实拥有的钱是均衡的才好。

当我们有了这样的认知，也就与钱建立了一种和谐健康的关系。我们要去觉察自己对于金钱的信念和态度。

第一，金钱不是有形的，而是无形的，是一种能量，是一种自我创造的能量。当你具备足够的丰盛富足的时候，财富也就来了。

第二，金钱是自己的创造的，不要带着不切实际的念头去渴望拥有不属于自己的财富，财富是一种福报，有多大的能量就有多大的财富福报，不然就会出现那种"德不配位，财守不住"的状态。

第三，金钱不是万能的，很多问题不是钱能解决的，只是我们人为地赋予了金钱太多意义。

第四，钱不是越多越好，这需要个人内心与财富保持一种平衡状态，不因有太多欲望，而受金钱束缚。

对于金钱的认知还体现在花钱和挣钱方面：

关于花钱的体验往往是兴奋而美好的。从小时候得到零花钱或者压岁钱开始，用钱买到自己心仪的物品，就种下了花钱很美好的种子，这种记忆与感受可能每个人都有。

关于挣钱的体验，较之花钱不但有了美好，还有自豪。那是通过自己的劳动换来的回报，很有成就感，同时也觉得这份钱来得不容易，只有付出了劳动才会得到相应的钱。如果挣钱并不容易的时候，往往还会形成"挣钱很难"的负面认知。

这些对于钱的体验会形成一种长久的记忆留在自己的头脑里，会影响一个人对于金钱的认知与态度。

很多人关于借钱都有不好的体验。借钱有两种，向别人借钱和借给别人钱。我第一次找别人借钱的时候写了借条，签字的那一刻觉得特别的窘迫，正是这种体验让我过得特别节俭，见了债主也会一遍又一遍解释自己会努力还上，最后1年期限的借款4个月就还上了。借钱给别人的经历和感受也很糟糕。借钱给别人的时候也有过很长时间的内心挣扎，最终支持她占了上风，内心也得到了释放，借给她的10万元钱最终打了水漂。

关于有钱的体验。当你第一次有很多钱的时候，那是什么样的感觉？喜悦、兴奋还是压力？应该都有，特别想都存上，或者不知道该怎么花，这些细节的体验是对钱的真实感受。

你所有关于钱的感觉，能真正反映出你对金钱是否有安全感，有没有恐惧、焦虑和担忧。在亲密的关系里，实际上也会呈现出你对金钱的态度，所以你要去觉察你的爱人和孩子对金钱是一种什么样的态度。

体验产生记忆，记忆生出感受，感受决定态度，态度影响认知。看到自己深层关于金钱的那份认知，才能够减少那些认知对自己行为的影响。释放和清理自己内在的那些负面的、限制性的信念，建立起更加宏观、正向积极的金钱观，与钱建立起连接，才能让你的财富管道有一个更大的扩充。

摒弃关于金钱的羞愧感

大家都熟知"没有钱逼倒英雄汉"这句话，可见缺钱会带来很多影响，甚至生活中有很多人表现得自卑、羞愧都和钱有关系。如何摒弃对金钱的羞愧感呢？我们从几个方面来探讨：

第一，关于借钱的羞耻感

在我们小的时候，或者由于家庭比较拮据，或者有一些紧急情况，我们的父母曾经向别人去借过钱，在向别人借钱的过程中，或多或少会看到别人难看的脸色。类似这样的情况，这样的遭遇可能会让人从痛恨贫穷变成恨钱，甚至恨那个不借钱给自己的人。其实，每个人所处的角度不同，情是情、理是理、人是人、物是物，别人的拒绝是因为别人也有难处，也有自己的生存处事方法，没有必要因为对方的拒绝而对钱和人心生怨恨，更不能为此觉得是因"缺钱"带来的羞辱。

我们可以转化借钱的羞耻感，一是你要学会转念，告诉自己，是对方的恐惧拒绝了我，不是钱拒绝了我，跟对方无关，也跟你无关，更与金钱无关。二是告诉自己，借钱没毛病，借钱也是金钱流动的一种方式，跟别人借钱并不丢人，讲诚信、懂感恩是最重要的。

第二，钱少时的羞愧感

大部分人在挣钱少时有羞愧感。这其实就把自己拽入一种匮乏里，并且还给自己归队了：我就是一个钱很少的人，所以我有羞愧感，我不好意思在同学面前、朋友面前、同事面前说我挣了多少钱，因为我觉得很丢人。带着这样的负面认知，很难与钱建立亲密的关系，我们要坦坦荡荡，要有挣多挣少都很好的心态。

第三，和有钱人在一起时的羞愧感

和有钱人有一起自惭形秽的人很多。比如，同学聚会、亲朋好友聚会，如果自己没什么钱，而别人都是富有的人，就会不自觉生起一种自卑与羞愧感。这个世界上那些有钱且智慧的人，都非常的本真，绝对不会因为自己有钱就得意忘形，尾巴翘到天上。同时也有很多人，即便自己没什么钱，依然很本真，见到任何人都不卑不亢，表现得特别自然，虽然他没有钱，但是你就愿意和他在一起，因为在他身上有某种东西，你感觉到比钱还宝贵。

如何转化和有钱人在一起的羞愧感呢？事实上这个世上没有真正的穷人，钱多只是他的一个优点，说明他能干，具备吸引金钱的能量。但我们自己也有很多优点，同样具有自己的能量。这是出于爱的一个转念。当你从这个角度去看待对方有钱和自己没钱之间的差别时，你就不会感到羞愧了。

第四，接受别人馈赠时的羞愧感

我们很多人在接受别人礼物时，都会习惯性地觉得过意不去、不好意思。从小到大，我都能够看到我妈妈在接受别人礼物时的那种羞涩。我母亲是一个老师，因为教学又认真又好，经常会有家长来感谢我的母亲。我永远记得只要有家长拿着礼物来，我妈一定会加倍地给人家还回去。

其实，送礼物的人是敞开的，他只是想表达爱，如果我们接受别人礼物时有羞愧感的话，就说明自己没有诚意。无论对方是谁，当对方馈赠我们的时候，我们要做的就是开心地接受，然后深深地感恩。我们要给别人表达善意的机会，因为如若不让对方表达出来，他心里就会一直有一个牵挂。

如何转化接受馈赠时的羞愧感？把别人的馈赠视为福报和恩典，是别人在向我们表达感恩和祝福，真心接纳，愉悦领受，然后把这份爱通过自己再传递出去。

第五，羞于挣钱

很多人羞于挣钱，这也属于一种限制性的信念。有一个职员，在公司表现得十分优秀，老板不断为其升职、加薪，但他总是隐隐觉得不安，觉得自己的付出不够多，不应该得到那么多的回报。事实上，这就是一种"不配得感"在作祟，很多人都有不配得感，只是每个人的程度不一样，大多是小时候被否定太多引起的。如果一个人的不配得感过于强烈，当他面对机会的时候，内心会产生不安感和羞愧感，他甚至会选择逃避。

所以，当一个人面对自己所获得的金钱有羞愧感时，要经常告诉自己"我值得拥有"，所有的回报都是建立在自己付出的基础上的。记住，你挣的钱不是从他人身上拿的好处，不是压榨了他人，不是占了他人的便宜，而是你付出智慧与精力帮助别人应该得到的回报，这是一件非常自然的事情。

打破"辛苦才能赚到钱"的认知

在多数人的认知里，"只有付出辛苦才能赚到钱"，这是一种限制性的信念，把金钱放在了快乐的对立面。金钱本是一个美好的东西，可你总觉得要很辛苦，甚至是很痛苦，才能够得到它。内在就会有一种矛盾和内耗，既不想痛苦，又想挣到钱。

当我们感觉辛苦时，一定会生出抱怨和憎恨，从而伤及自己的内心和能量。有一个关于猴子的实验，猴子喜欢吃香蕉，关在笼子里的猴子每次想吃挂在笼子中间的香蕉，伸手去拿时就被电击，久而久之，猴子虽然很想拿香蕉，但却变得胆怯和迟疑，最终放弃了去拿香蕉的动作。猴子喜欢香蕉和人喜欢金钱是一样的，如果我们觉得赚钱很费力，很痛苦，慢慢就不再渴望或用自己的实际行动去赚钱了。

如何才能打破"辛苦才能赚到钱"的认知呢？

第一，挣钱是一件很光荣的事。在我们传统的认知里，觉得进了国家单位才叫有出息，如果是打工、做生意甚至创业，都称为谋生。这种潜意识的认知就让大部分人认为赚钱是出卖劳力，这个体验就是辛苦，而不是收获工作的快乐。事实上，每一份工作、每一种职业都是神圣的，无论是医生还是科学家，无论是公务员还是打工的，靠的都是自己的才华、能力和勤劳，所以换来应得的金钱回馈，都是值得骄傲的事情。

第二，仅靠辛苦很难挣到钱。很多变富的人有的靠投资、有的靠政策、有的赶上了风口，往往越是认为自己需要辛苦赚钱的人，往往很难赚到钱。因为这样的人不允许自己轻松，往往会走向两个极端，要么挣到钱后成为守财奴不让钱流动，要么无法聚积财富。

第三，提升值得感，才能轻松挣钱。有句广告语说的好"你值得拥有"。很多时候，我们对任何事情的那种值得感，会给自己一个积极的心理暗示，也会催促自己"我要创造"的行动。同时在行动的过程中是快乐的，不会有辛苦的负面情绪。一个内在值得感强的人，他总是能够轻而易举地捕捉到身边那些赚钱的机会，一个好机会到来的时候，他知道自己值得，所以能够一下子抓住，从而令自己的财富倍增。

第四，在挣钱中寻找乐趣。辛苦往往是人的一种内心感觉。挣钱也是一样，如若你觉得挣钱辛苦，那它就是辛苦的；如若你觉得挣钱很开心,那你挣钱的过程就是美好的、享受的。一个人之所以挣钱挣得很辛苦,很重要的一个原因就是在挣钱的过程中并没有带出喜悦来。如果我们热爱赚钱也享受赚钱,哪怕连续工作几天从来不觉得累,反而觉得自己有足够的能量。

无论这种"只有辛苦才能赚钱"的认知来自哪里,都要让自己慢慢改变与扭转这种认知,钱是美好的,挣钱也是快乐的,如果带着愉悦的心情去赚钱,就会与金钱产生不一样的连接,金钱也会源源不断地来回馈你。

瓦解对金钱的限制性信念

由于每个人获取金钱的方式不同,拥有的多少不同,对金钱产生了限制性的信念。如何瓦解人们对金钱的限制性信念,要从这三点来出发。

第一,获得金钱的资源很丰富。很多人生活的空间和环境都很狭小,所以会认为自己拥有的就是全部,认为自己获得的资源非常有限,自己不配拥有更多,带着这样认知不但不会获得更多,还会滋生仇富心理。这个世界上财富获得的渠道很丰富,人们越放松,越释然,我们享受到的资源和金钱就会越充足。

第二,金钱来到的方式是无限的。在时代越来越发展的今天,赚钱的途径已经很多,有稳定的工作、直播带货、知识传播、投资理财、分享等。

我们平台的幸福导师和幸福咨询师们给别人做咨询,很多时候就是敞开自己给对方真诚的确认和嘉许,让对方看到自己内在无限的美好与力量,让他有勇气、有信心从困境中走出来。通过这样的方式,很多来访者最终都成了我们平台的学员，有的甚至已经成了新的幸福导师、咨询师和合伙人，开始去帮助越来越多"过往的自己"。这就是幸福的裂变！所以，不要自己先在头脑里就认为不可能，其实有很多来钱的通道，就看我们会不会使用，让自己去敞开接纳。

第三，你挣钱的能力是无限的。我在《幸福能量文》里写过这样一段话："不要用过去的眼光来局限自己，不要以过去的水准来定义自己，不要给生命加边框，谁也无法预料生命里会出现什么，只要你不限制生命，生命就是无限的。在无限的生命里，我们可以带着力量无限创造，可以带着爱去无限体验。"

八十多岁的摩西奶奶凭着自己的画笔挣下了可观的收入，只是把带孩子心得体会写成书的尹建莉也为自己赚取了丰厚的财富。

每个人都藏着无限的潜能，我从四十岁开始学游泳、练瑜伽，做到了之前从来没敢想过的下叉与倒立。所以，只有不说自己"做不到"，什么都有可能。

所以，由于我们自身的无限可能，就会打通金钱的通道，让赚钱变成无限可能。你有资格拥有更丰盛的金钱，金钱属于你！

金钱的种子法则

万事万物，种瓜得瓜，种豆得豆。就像我在《幸福能量文》里所说的："生活就是一个回向标，但凡是你扔出去的，必定会回到你的身边。"这就叫种瓜得瓜，种豆得豆，也可以把它称为"种子法则"。财富也是一样，如若没有播下"财富的种子"，最终也只是空忙一场。

"种子法则"有以下几点定律：

一是想得到，先给予；二是所有的种子都将长大；三是播种了才会有结果；四是不播种，就不要期待结果。

首先，要播种"财富的种子"。给予有很多种，既有物质的给予，也有能量的给予。比如，给别人出主意，让别人赚到了钱，这是能量的给予；借钱给别人是物质的给予。当你给予出去了，就相当于你种下了种子。这些种子播给了别人，也就相当于给自己"广种福田"。

种善的种子得善的结果，种恶的种子得恶的结果。我们对自己的一举一动、一言一行、一思一念都要非常地觉察，善的种子要带着爱去播种。去帮助别人，带着一份慈悲之心、友爱之心、善良之心，要纯粹地去关心对方、爱护对方、祝福对方。

其次，观想美好的结局。当我们种了一颗好的种子，要去浇灌这颗种子，让它开花结果。就是不但起善良之心，也要用行动去帮助别人、带动别人，把自己学到的正能量分享给别人，向每一个人表达自己的善意。如果不小心种下了"恶"的种子，要积极去补救，去忏悔，并且观照自己的内心，承诺自己不再去做。

实际上，"种子法则"不仅仅适合"种财富"，还可以"种健康""种情感"。比如，在我的"幸福导师班二阶"课程上，就有学员问我："李虹老师，你为什么拿出自己毕生所学来教我们？你所教的，是我们在任何教科书上都看不到的。"我说："对，我教给你们的，就是我十多年做身心灵导师所得的心得、经验、技巧、法门，我没有任何的保留，倾囊相授。"

我在为自己种福田，种下幸福和善良的种子，也希望把这份善良和幸福带给更多的人。

金钱的流动

我们在这个世界上所拥有的一切，都是流动的、处于不停变化的状态。当我们了悟了这一点，就会明白应该用怎样的眼光来看待金钱。

前面我们讲过如何存钱和如何花钱，存钱不是为了把钱存下来静止不动，而是为了让钱在关键时刻使用的更合理、更均衡的一种手段。花钱也不是为了让欲望牵着跑，而是要与金钱形成一种良性的互动关系，去诠释金钱流动的真正意义，让金钱为我们有限的生命服务，既享受金钱的美好，又不受其束缚。金钱在一定程度上还有助人和利他的功能，使得金钱这个冰冷的物质有了情感色彩，有了更多的意义。所以金钱的流动既体现在花钱上，也体现在帮助别人所产生的价值上。

首先，具体怎么花钱呢？

第一，只买自己真正有感觉的东西。什么是有感觉的呢？除了这个物品能提升生命质量之外（如带来放松、舒服的感觉），自己对这个物品有心动的感觉，这就在连接自己的心。比如，不爱戴手表的人，戴多贵的表都是束缚而不是享受。

第二，不带着迷信的信念去花钱。有人认为钱越花越多，这是一个错误的信念。当人们越来越喜欢大手笔花钱的时候，也是自己欲望膨胀的外显。尤其是在自己钱不是很多的时候，更不能打肿脸充胖子，那是虚荣。

第三，不要为了填满精神空洞去花钱。有很多人认为只有买东西才能带来安全感，所以才有了"剁手党"这一提法。结果导致家里囤积的东西越来越多，生活也变得很复杂。尤其在心情不好的时候，"买买买"和

"吃吃吃"其实都是一种逃避，逃避自己需要面对的人生课题。可能在那一刻获得了短暂的、一时的快感，但那之后，往往会陷入更深的不安、内疚和自责里。

当我们学会了花钱，也才会懂得金钱流动的真正含义，既买了提高生活品质、生命质量的必需品，又不会因为过多的欲望和无意义的花费而让自己产生廉价感。

其次，金钱在助人和利他方面的流动。

我们都知道一句古话"一分钱难倒英雄汉"，对于急需要用钱的人，关键时刻给予他金钱上的援助无异于救人于水火。所以，当我们有余力的时候要对那些需要钱的人及时伸出援手，让钱流动出善意与关怀，那样会让这个社会更加美好。所以，穷则独善其身，富则兼济天下是一种非常高贵的境界。就像网络上流传的那样：

钱的背后是事，把事做好，钱自来；
事的背后是人，把人做好，事自成；
人的背后是命，把生命的维度修好，自有好运；
命的背后是道，常怀助人之心、利他之心，即是正道。

同样，当我们用金钱的流动去帮助人，行利他之事，那样的状态才是正确的状态，那样的富足才是更高境界的富足。

附录

幸福能量文

"幸福能量文"是李虹老师创作的以三十天为一个周期的高振频能量文。这些文字都是从李虹老师的智慧中流淌出来的如同诗歌一样的优美语言。文中字字珠玑，金玉良言，都是李虹老师个人生命证悟的真实体现。

"幸福能量文"囊括了我们生活中的方方面面。从一言一行到一思一悟，都能带给人们积极正向的引导和启发。

通过每天朗读能量文，快速提升自我觉察力、自我反省力、自我领悟力，开阔心灵意识，为每天的幸福生活提供简单、有效的意识引导和能量加持。

第一天：我是我世界的创造者

我是能量，我是能量的源头；我是光明，我是光明的源头；我是爱，我是爱的源头。

我是我世界的创造者，我有饱满的能量、正向的思想、踏实的行动。

我创造了自己的世界，创造了一个充满爱与光明的世界！

幸福确认词：

我是我世界的创造者。

幸福践行：

面对镜子，看着镜中的自己，由心而发地对自己说："我是我世界的创造者！"连说三遍，体会内心升起的感觉。

第二天：我是幸福的源头

我是幸福的源头，我是幸福的，我的存在就是幸福。无论我出现在

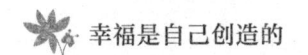

哪里，哪里就有幸福！无论我和谁在一起，对方都会感到幸福；无论我做任何事情，这件事都会变成一件幸福的事！

我过的每一天都是幸福的，幸福是我的本质。我是幸福的，我是幸福的源头。幸福从我流出，带给每一个人，也滋养了我的世界！

幸福确认词：

幸福自己，幸福家庭，幸福中国！

幸福践行：

今天去发现一件幸福的事，把幸福的感觉分享出去。

第三天：相信自己有一种真正的力量

我们的生命就是奇迹，相信自己赋予了我们强大的力量！

我们就如同宇宙庞大身体里的一粒细胞，细胞虽小，但内在却拥有强大而美好的力量！

我们神圣的力量要通过相信自己才能被启动，才能在真实的生活里表现出来。

当相信自己，很多问题就能迎刃而解；当相信自己，就能创造出很多美好的东西；当相信自己，就能跟别人和谐相处。

相信自己，对自己毫不怀疑，这会使我们创造很多人生奇迹！

幸福确认词：

我相信我自己。

幸福践行：

今天无论碰到任何困难，都默默地在心里对自己说："我相信我自己！"

第四天：永远看到希望和可能性

人生创造法则：你如何看待生活，生活就如何呈现！

生活中所有的无路可走、无法面对、无力解决，都源于内心的绝望和封闭。

世间的一切都是无尽的循环，如同四季更替，冬去春来。同样的道理，生活中的困难和问题也不是一成不变的，每个当下都会有转变！但当内心绝望时，就会完全陷入了上一刻的回忆，而无法看到这一刻的转机。

了悟宇宙规律的人，在很多事情上，都能看到希望和可能性！

幸福确认词：

我永远看到希望和可能性。

幸福践行：

今天做每一件事情，都习惯性地问一下自己："还有没有其他的方法？"尽量去看到更多的可能性。

第五天：爱自己就是全然地接纳自己

不接纳自己，就是不爱自己。

接纳自己，就是接纳自己如实如是的样子。自己的相貌、身体、性格、天赋，就如同自己的指纹一样，独一无二！

我不一定比别人更好，但不比别人差，我和别人不同。我接受并欣赏我的不同，这是对我生命最大的懂得！

我全然接纳自己，体验自己独特的人生。我拥有的最宝贵的财富，是我允许我做自己，绽放自己的天性。所以，我很幸福，因为我活出了自己！

我全然接纳自己，因为我从不与人比较、不评判自己。生命是我最宝贵、最忠诚的伙伴，我只会珍惜它、感恩它！

我全然接纳自己，不渴求别人的关注和认可，因为我已经全然爱上自己。我的生命时刻都在自己爱的注视里！

幸福确认词：

我接纳我自己，我爱我自己，我珍惜我自己，我感恩我自己。

幸福践行：

今天好好宠爱自己，为自己做一件特别的事，可以送自己一个小礼

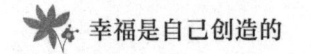

物，或者给自己一次放松的机会……事情不分大小，只需带出对自己全然的爱。

第六天：生命的意义在于活出自己的价值

价值，就是我一直渴望去做的事情，是我灵魂的渴望，是我生命的激情和天赋所在，是我带给这个世界的美好。

实现价值，呈现的是我独一无二的特质，不存在与任何人的竞争和比较；实现价值，是我在享受生命、体验生命，而不是挣扎、坚持；实现价值，是我不可推卸的使命。

幸福确认词：

我是拥有价值的人，我一定会活出自己的价值。

幸福践行：

给自己创造独处的时间，深呼吸，闭上眼睛，回到内心，去感受内在生命的那份激情和渴望，对自己确认说："我是拥有价值的人，我一定会活出自己的价值，活出最精彩的人生！"

第七天：我有一张口吐莲花的嘴

语言是一份释放出去的能量，语言最本质的功用，就是用爱的表达方式去延伸爱。

凡是不表达爱、不给予爱的话语，如抱怨、评判、指责、诽谤，都不是语言表达的本质。

一个幸福的人，一定会说话！会说话的人，才会更幸福！会说话，是指深谙说话的本质，而不只是在头脑层面训练说话和沟通的技巧。

如果说话时流动的不是爱，流动的不是一份爱的能量，任何话语都没有意义！

我有一张口吐莲花的嘴，莲花就是爱的代言，我说的每一句话，都是爱的能量的波动。

我通过赞美、认可、感恩、祝福来表达爱；我通过真实地说出自己的感受和需求来表达自己在呼唤爱!

幸福确认词:

我说的每一句话都出于爱。

幸福践行:

今天对一个人口吐莲花,去赞美、认可他,体会当时内心的感受。

第八天:我有一双发现美的眼睛

我看待世间万物就如同在看一场电影,我眼中所见都来源于我内在的投影。我的内心有什么,我就能看到什么;我内心是什么样,我就能看到世界是什么样!

我是一个内心美好的人,所以,我有一双发现美的眼睛!

我内心有爱,我看到世界处处都是爱;我内心善良,我看到人人都充满着善意;我内心喜悦,我看到一切都是快乐的;我内心富足,我看到生命都是丰盛的;我内心健康,我看到自己活力四射;我内心和平,我看到世界如此和谐!

我的内心越纯净,我的眼睛就越澄澈;我的内心越光明,我的眼睛就越明亮!

我看到什么,我就是什么!我有一双发现美的眼睛,因为我心中有爱!

幸福确认词:

我看到的世界好美好!

幸福践行:

今天去发现身边三个美好人或事,并将其分享给自己的家人。

第九天:我有一双聆听爱的耳朵

人们通过语言去表达爱和呼求爱,但往往会在真正的意图外边包裹着厚厚的外壳!往往在表达爱、呼求爱时变成了要求、指责、评判和抱怨。这些话语使沟通变得很艰难,因为"爱"被转译成我们根本无法理解

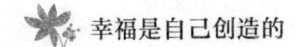

的语言了。

一位真正的聆听者，内心具有无限的爱！在聆听中，只让自己处于爱的中心，全然用心去感知对方的感受，穿越对方的语言，带着爱，听到对方真正的心声！

他感受到对方，他理解对方，他没有任何的评判。他不因对方语言中的要求，而感到烦恼；也不因对方语言中的指责，而想去反击。他有的是深深的慈悲，在聆听中收到的都是爱，他用心理解了对方语言背后的真意！

真正的聆听者是一位慈悲大师，聆听自己、聆听众生、聆听生命，聆听的都是爱！

幸福确认词：

我带着爱去聆听。

幸福践行：

今天，让自己选择聆听美好的声音。

第十天：当下是人生最重要的时刻

人终其一生只有一个时刻，就是当下！

生命的一切都在当下发生，躯干的运动，五脏的运转，细胞的代谢，呼吸的发生，身体的觉知，头脑的反应，情绪的感觉，爱的感受……都只在这个当下！

我们眼睛看到的，是当下的世界；耳朵听到的，是当下的声音；我们的话语只能出现在当下的寂静里！

当下是承载我们生命的地方，当下即一切！

生命里最重要的事，是当下所做的事；生命里最重要的人，是当下所面对的人。

活在当下，感恩生命！

幸福确认词：

我在这里，我安住当下！

幸福践行：

今天吃饭时，不说话或少说话，带着全然的觉知去咀嚼，体会活在当下的感觉。

第十一天：关注自己的感受是对自己最大的爱

爱自己是能看到自己，看到自己生命发生的一切，看到自己身体的变化，体会到自己的情绪，感受到自己心念的升起，就如同看着日出日落、云去云散、人来人往。

要对自己生命充满着最大的好奇！对任何外在事物的探索，都不要大过对自己生命的探索！

生命的展开，来自自己的内心世界；生命的感知，来自自己的内心世界；生命的智慧，也来自内心世界！

看到自己、关注自己的感受，是对自己最大的爱！

幸福确认词：

我的感受很重要。

幸福践行：

今天，用心关注自己的感受，就像对待最重要的人。一天至少问自己三次：此刻我感觉怎样？

第十二天：我有耐心，是因为我信任一切

耐心不是忍耐，也不是咬牙坚持，更不是让自己刻意为之。耐心是一种自然而然的状态，源于对生命真正的了悟，知道世间万物都有自己的节奏。

耐心是对万物演化的尊重，耐心是因为信任一切，是在当下与人、事、物的连接，是真正爱的表达！

没有了耐心，是因为失去了信任，不相信自己，不相信他人！是被恐惧抓住了，担心未来不够好而表现出来的慌乱。

耐心是我们与生俱来的天性，对自己的成长充满了耐心，对探索新

世界充满了耐心，对美好的未来充满了耐心！

耐心，是一种信任生命的放松、平和。我有耐心，是因为我信任一切！

幸福确认词：

我是很有耐心的人。

幸福践行：

今天去做一件平时没有耐心去做的事，如整理衣橱、整理书籍、收拾厨房等。

第十三天：我不控制，是因为我不恐惧

所有的控制背后，都有一份恐惧和一份用错误方式表达的爱。

每个人都有独立自由的生命权利。当一个人去控制另一个人时，是因为内心有一份深深的恐惧，担心对方做得不好，不能达到自己的期望，由于想让对方更好，于是出手帮助，意图改变对方！所有以"爱"的名义去改变对方的行为，都是控制。

控制他人表现出来的状态就是强势，表面的强势是内心深处不安全感的投射。

控制是一种束缚，不仅干涉了别人，也捆绑了自己，是对生命的伤害！

信任生命，放下所有的恐惧！放下控制，解脱别人，自由自己！

幸福确认词：

我很安全，我无须控制，一切都会很好。

幸福践行：

一整天不去控制任何人、任何事，一切顺其自然，看看会发生什么。

第十四天：遇见的问题，我能解决

每一次人、事、物的相逢，都是一次能量层级的匹配。

问题的出现，不是为了让我们为难、痛苦。把问题视作礼物，视作

人生的一次考验，是为了让我们疗愈和成长。疗愈了，必然会得到成长！

"遇见的问题，我能解决"，这份认知会让我们拥有化解问题的力量！如果在问题中，我们看到的是其意义、看到的是对我们的帮助，我们就可以轻松地面对一切！

幸福确认词：

问题是我生命的垫脚石，帮助我登得更高。

幸福践行：

今天遇见任何问题，都说："太好了，我又可以成长了！"

第十五天：内心平和是我的选择

内心平和，是能量最平稳的生命状态。在内心平和时所做的选择大多是符合人生最佳利益的选择！

人的一生都在创造，创造情感、财富、健康……所有创造，都只为生命丰盛后内心的平和。

失去了平和，所有的努力都违背了生命最初的动机。所有得到的，不管多丰盛，也失去了其真正的意义。

内心平和，才能尊重所有生命；内心平和，才能真正享受生命；内心平和，才能够真正分享出生命的爱！

幸福确认词：

我选择平和。

幸福践行：

今天每一小时提醒自己一次：我选择平和！

第十六天：财富是爱的表达

金钱是财富的代表，是一种能量。财富的意义，大多是人们根据自己的主观意识赋予它的。

人一生都在享受金钱带来的服务。喝的每一口水，穿的每一件衣服，所有的吃穿用度都是金钱换来的，金钱无微不至地照顾着我们。我们一生

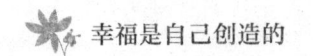

都在使用金钱，也在用金钱对他人表达着我们的爱与心意。

我们应该感谢、热爱金钱，而不是对它充满恐惧和怨怼。

金钱来源于能量的吸引，完全如爱的本质，因为敞开而接受，因为爱而流动。财富的丰盛，不能用积攒、囤积的数值去定义，应该用流经了多少爱去衡量。

我们的生命是丰盛的。我们在爱里，我们是富足的！

幸福确认词：

我很富足！

幸福践行：

感恩自己当下拥有的美好，感谢财富带给自己的每一样东西，如喝的水、吃的饭、穿的衣、坐的车、住的房，都去一一感恩。

第十七天：给予的人最富足

给予不是牺牲，也不是交换，不是为了证明自己，也不是为了引起关注。

给予如同水满自溢、花开飘香，如此自然，没有勉强，没有割舍，没有期待，给予的人感受到的是深深的满足。

给予的人最幸福，因为他知道，自己如此富足、丰盛；给予的人最有爱，因为无论给予和接受，都是爱在流动；给予的人最满足，因为在给予中，验证了生命的合一；给予的人最有力量，因为他能勇敢地表达自己最真实的本质；给予的人最乐观，因为他对未来没有恐惧，感到的是世间的美好！

幸福确认词：

我是乐善好施的人。

幸福践行：

今天给一个人他需要的一些钱（数额多少都可以），去体会给予的喜悦。

第十八天：放下执着

一切的执着，皆因对生命的迷惑，认为外在才能证明自己的存在、拥有才是生命的意义，这个错误的认知导致了生命的苦。

执着于伤痛，不能放下、出离，是放不下对美好的渴望；执着于美好，不能放下、松手，是放不下对美好的曾经拥有。总之，执着就是想通过"拥有"证明自己的存在价值。

生命存在的最大价值，就是体验一切！如同一段河床，允许无尽的河水穿越、流淌，不管随河水流经的是清水、活鱼，还是枯木、垃圾，都没有任何的抗拒，没有丝毫的执着。来了，就来了；走了，就走了；体验了，就结束了。

放下执着，不是对生命的冷漠、淡然，是真正纯粹地与万事万物连接！

放下了拥有的执念，纯然地去体验一切，才能与万物真实相见！

幸福确认词：

我能放下一切。

幸福践行：

去觉察自己还有哪些放不下的执着，把它写在纸上，然后撕掉，对自己说："我已经放手。"

第十九天：生命是一个回向标

所有生命中给出去的，会再次回归生命。起点就是缘起的因，终点就是缘灭的果，中间的过程即是缘。

每一个起因，都会有一个结果。我们无法修正、抗拒结果，我们也无须怨恨结果。我们选择了因，就会有果。

给出爱，回流爱；给出善良，回流善良；给出和平，回流和平。

每一次心念的升起，就如同扔出了一枚回向标。每一个扔出去的回向标，终究会回到我们自己的生命里，中间可能会有过程和时间，我们也

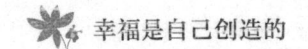

可能遗忘了是什么时候扔出去的。但请记得：所有的回向标都是自己扔出去的！

幸福确认词：

我给出去的将回来。

幸福践行：

今天你想要什么，就先把它给出去。比如，你想要关爱，先把关爱给出去；你想要认可，先把认可给出去；你想要赞美，先把赞美给出去。

第二十天：生命本质是圆满的

生命如同一粒种子，拥有一切可能性！种子可以长成幼苗、茎叶、花苞、花朵、果实，颜色、香气、甜美的滋味，这些元素都蕴含在种子里。

人的生命同样具有一切可能性，从孩童到老年，拥有快乐的健康、丰盛的财富、美好的情感、内心的平和。

种子从不怀疑自己的圆满，种子的一生就是尽情地成长、绽放！它把自己拥有的一切呈现出来，向世界展示它真正是谁，它在享受生命！

人与种子的不同，就是大多数人意识不到自己拥有的，不知道自己究竟想要什么。以为生命所有的美好，都来自外在，努力地去成为别人所期望的，所以从未享受过自己的生命！

生命的本质是圆满的，无须刻意，如此自然而然。

幸福确认词：

我是圆满的。

幸福践行：

让自己闭上眼睛，做几个深呼吸，回到内在。对自己说："我知道我是圆满的。"去感受内心的美好，一整天，带着这种感觉去生活。

第二十一天：每个人都在自己的轨道上

每个生命都有自己的人生轨迹，如同星球的转动，这个轨迹是独一无二的，无法重叠，重叠就意味着冲撞，会把一方撞出自己的轨道。

当我们跑到别人的轨道，试图改变、控制别人时，自己的轨道必定空位，这就是越位必定失位！

允许每个人在自己的轨道去体验各自的生命，同时彼此之间又拥有爱的能量，保持着彼此的吸引，产生公转，这样就形成了爱的星系。

幸福确认词：

我尊重每一个人所在的位置。

幸福践行：

今天对每一个遇见的人都在心中默念："我知道，他在自己最正确的位置上。"

▌ 第二十二天：持续是生命的规律

宇宙间的一切都在持续，星球持续运转，万物持续生长，生命持续繁衍，宇宙从未走走停停，一直在延伸、创造。

持续不是苦苦的坚持，也不是一成不变的固化。持续是生命的规律，是最自然的状态。

持续，让能量恒久地振动，让爱得以传递，让奇迹发生；持续，让生命得以精进和升华！

幸福确认词：

持续是生命的规律。

幸福践行：

今天觉知自己持续不断的呼吸，体会这份持续的感受。

▌ 第二十三天：我是我生命里的神

做自己生命里的神，不做他人生命里的信徒！我们大多数人终其一生，都没有赢回自己全部的力量，在精神上依赖别人，追随各路所谓的大师，追捧各种偶像。总认为力量在自己之外，别人高过自己，别人可以改变自己的命运。就这样亲手交出了自己的力量，交出了生命的主权，感到

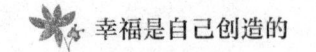

越来越无力，对外在也越来越依赖！

今天，我们要赢回自己全部的力量，拿回生命的主权，意识到"我是我生命里的神！我的生命是独一无二、无与伦比的"！

我的生命是人类有史以来全新的一次，没有人比我更有经验，没有人比我更了解自己，也没有人比我陪伴自己的时间更长！

我是我生命王国的主人，我是我生命里的神！我的生命，我在创造！别人的指导只是指向月亮的手，是爱的信差。走向内心光明的路，终究要靠自己！当我拿回力量的那一刻，我就开始创造生命的奇迹！

幸福确认词：

我是神圣的。

幸福践行：

今天笑着对镜子中的自己说："我是最神圣的人！"

第二十四天：无限的生命最幸福

每一刻的生命都是全新的、无限的！请不要以过去的经验约束它，不要以过去的眼光局限它，不要以过去的水准定义它，不要给生命加"边框"！

生命最宝贵之处，就是无限可能性！就如同在一张白纸上，可以画任何美景；如同一个空间，可以容纳任何的人、事、物！

谁也无法预料生命里会出现什么，只要你不限制生命，生命就是无限的！在无限的生命里，我们可以带着自己的力量无限创造，可以带着爱无限体验，无限的生命最幸福！

幸福确认词：

我是无限的。

幸福践行：

做一个冥想，去观赏一片大海，有无数滴水；一片沙漠，有无数粒沙；一场冬雪，有无数片雪花；一片森林，有无数棵树木；一个夜空，有无数颗星星；一个身体，有无数个细胞。去感受这份宇宙的无限，对自己说："宇宙创造了无限，我也是无限的！我有无限的潜能，无限的力量，无限的爱！"

第二十五天：我是伟大的

伟大，不一定是轰轰烈烈，也不一定是建立光耀千秋的旷世功勋！伟大，就是怀着爱去做每一件事，怀着爱珍惜每一个东西，怀着爱对待每一个人！伟大，就是永远不失爱的本色，永远不忘爱的初心，永远选择平和！

怀着大爱做小事，在平凡中照见伟大！

幸福确认词：

我是伟大的。

幸福践行：

晚上睡觉前，嘉许自己："我很伟大，我是伟大的人！"

第二十六天：每个生命都是高贵的、纯净的

人的每一段经历，都有着很个性化的原因和背景，有特定的状况促成当时事情的发生。人通常都会对生命中曾经做出的不美好的事忏悔过，也痛恨过自己，后来默默地把它埋藏起来，闭口不谈。这样做不是不想承担后果，而是不敢面对。就此在心里埋下了一个永久的阴影，这个阴影可能会夺走以后好好生活、好好做人的底气。

其实，无论生命中曾发生过什么，不能因此定义生命，更不能就此对生命宣判！

生命中的经历，就如同风中刮起的树叶、沙尘，而生命是天空，只要树叶、沙尘落地，不再刮来新的，天空就永远是纯净的！生命也如此。

把不美好的事情放下，不要再做了，生命的天空就纯净了！

每个人的灵魂、每个人的生命都是高贵、纯净的！

幸福确认词：

我是高贵、纯净的，每个人都是高贵纯净的。

幸福践行：

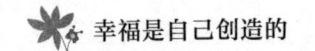

今天给自己做一个内心的净化，去释放掉内心所有的内疚。

第二十七天：父亲是力量，母亲是爱

父亲代表男性能量，是敞开的，是最原始的生命力，敢于冒险、勇于承担、可以创造，非常自信，无所畏惧，如站在世界之巅的英雄！母亲代表女性能量，是蕴藏，是最纯粹的爱，能孕育、承载、包容、允许，有无比的耐心，有无限的温柔，有无条件的爱！无比的浩瀚，又如此的温暖、细腻。

无论一个人性别是什么，他的生命里都有一半"父亲的男性能量"和一半"母亲的女性能量"。一个人连接到父亲的力量，懂得感恩、欣赏、推崇父亲，在生活、事业上就非常坚定，有很强大的内在力量！一个人连接到母亲的爱，懂得敬重、关爱、理解母亲，在所有情感关系里就能感受到爱，并能给予爱！

父母给了我们生命，赋予我们精神力量！真正去热爱、感恩、孝敬自己的父母，才能连接父母的能量，让生命里有爱、有力量！

幸福确认词：

今天不断重复下面这段话，如我是×××（自己的名字），我是×××（父亲的名字）和×××（母亲的名字）的儿子（女儿），我有父亲的力量，母亲的爱！

幸福践行：

今天去看望父母，或给父母打一个电话，在心里给父母发送一份祝福，表达对父母的感恩和爱！

第二十八天：家是每个人的根

家是滋养每个人身心灵的地方，家是幸福的天堂，家是美好德行修炼的课堂，家是践行爱的圣地。

中国人极少用语言表达爱，不是中国人不懂得爱、没有爱，而是因

为中国人更善于践行爱！中国人很智慧，知道爱需要践行和体验！我们在家中尊老爱幼、妻贤夫安、母慈子孝、兄友弟恭，这些爱的行为变成了中国人的国民性格。

家让我们学会感恩，活在当下；家是中国人精神寄托、身心灵合一的地方！

家是能量提升的源头，一个连接了父亲的力量和母亲的爱的人会变得温暖、有爱、有力量！

家如同一个永远温暖、充满爱的生命子宫，可以滋养、包容、疗愈一切，让一个人从孩子长大成人、成家立业……

天下之本在家，家国天下！

幸福确认词：

天下之本在家，家国天下。

幸福践行：

今天为家做一件美好的事，如去清洁"她"、去装扮"她"、去赞美"她"！

第二十九天：爱出者爱返，福往者福来

人与人是通过相互的贡献、连接而感知生命源头的合一。

人生的意义，就是忆起自己和众生的生命真相。

爱出者，是感觉到自我圆满、慷慨、付出的；福往者，是内心充满喜悦和幸福的，无私奉献、施人以爱、赐人以福，内心愉悦、舒张，全然在爱的能量中心，自然更加圆满、丰盛！

爱出者爱返，福往者福来！

幸福确认词：

爱出者爱返，福往者福来。

幸福践行：

今天给一个人传播家庭幸福的智慧，为自己的家庭种下幸福的种子。

第三十天：生命的意义在于心灵的扬升

人的生命不仅仅是一具身体，更是身体里的生命能量。这是最伟大的能量，是无限智慧、无限爱的能量！心灵带着这个生命能量，踏上人生旅程。

心灵的旅程不是为了积累外在物质，不是为了沽名钓誉、强化身份，也不是为了情感的执着，而是为了心灵的扩展和净化！

在每个当下，心灵带出生命能量的至善品质！心灵的旅程，只为在人生体验中去扬升自己，去体验生命能量的无限美好！

幸福确认词：

生命的意义在于心灵的扬升。

幸福践行：

去感恩生命。